计算机应用

基础教程

赵丽敏　董春龙◎主　编

郝鹏宇　魏彩颖　贾　磊　马　建◎副主编

季国华　杨　琴　蒋涵鑫　朱　江　杨瑞青◎参　编

清华大学出版社

北京

内 容 简 介

本书主要内容包括计算机基础知识、计算机组成原理、计算机软件、计算机网络与因特网、新一代信息技术。本书根据《高等职业教育专科信息技术课程标准(2021年版)》和《全国计算机等级考试考试大纲(2025年版)》编写,内容翔实、语言简练、图文并茂,具有很强的前沿性和实用性。全书以项目为载体,采用任务驱动模式编写,强化职业素养提升,从而实现课程教学目标。

本书可作为高职高专院校、成人高校各专业的计算机公共课程教材,也可作为全国计算机等级考试的参考书目和办公自动化人员的培训教材。

图书在版编目(CIP)数据

计算机应用基础教程 / 赵丽敏,董春龙主编. -- 北京:清华大学出版社,2025.9.
ISBN 978-7-302-70151-4

Ⅰ. TP3

中国国家版本馆 CIP 数据核字第 2025AR1196 号

责任编辑:孟毅新
封面设计:刘艳芝
责任校对:李 梅
责任印制:丛怀宇

出版发行:清华大学出版社
　　　网　　　址:https://www.tup.com.cn,https://www.wqxuetang.com
　　　地　　　址:北京清华大学学研大厦 A 座　　　邮　　编:100084
　　　社 总 机:010-83470000　　　　　　　　　　邮　　购:010-62786544
　　　投稿与读者服务:010-62776969,c-service@tup.tsinghua.edu.cn
　　　质量反馈:010-62772015,zhiliang@tup.tsinghua.edu.cn
　　　课件下载:https://www.tup.com.cn,010-83470410
印 装 者:北京同文印刷有限责任公司
经　　销:全国新华书店
开　　本:185mm×260mm　　　印　　张:11.5　　　字　　数:263千字
版　　次:2025年9月第1版　　　　　　　　　　印　　次:2025年9月第1次印刷
定　　价:46.00元

产品编号:103927-01

前　言

随着经济和科技的不断发展,计算机在人们的工作和生活中发挥着越来越重要的作用,甚至成为必不可少的工具。现在的社会正在向数字社会转型,我们能深刻地感受到以人工智能、云计算、大数据、物联网等为代表的新一代信息技术给人们的工作、学习、生活等方面带来的诸多便利和巨大影响。为了在大学计算机公共基础课程教学中执行教育部发布的《高等职业教育专科信息技术课程标准(2021年版)》和《高等学校课程思政建设指导纲要》,我们结合《全国计算机等级考试考试大纲(2025年版)》编写了本书。

本书主要内容包括计算机基础知识、计算机组成原理、计算机软件、计算机网络与因特网、新一代信息技术5个项目。

本书采用项目化教学方式,注重培养学生的动手操作能力。在编写过程中,力求语言精练、内容实用、操作步骤详细。为了方便教学和自学,本书采用了大量图片和实例。本书可以作为高职高专院校、成人高等学校各专业的计算机公共课程教材,也可以作为全国计算机等级考试的参考书目和办公自动化人员的培训教材。

本书是课题组集体智慧的结晶,由赵丽敏、董春龙主编。本书课题组成员有赵丽敏、董春龙、郝鹏宇、魏彩颖、贾磊、马建、季国华、杨琴、蒋涵鑫、朱江、杨瑞青。

本书配有多媒体课件、教案、授课计划供广大教师和读者使用,旨在为教师授课、读者学习提供方便,需要者可从清华大学出版社网站免费下载(www.tup.com.cn)。

在本书的编写过程中,我们参考、引用了国内外先进职业教育的培养模式、教学技术和教学方法,汲取了优秀教材的编写经验和成果,在此对有关作者致以诚挚的感谢!

由于计算机信息技术发展非常迅速,编者水平有限,书中难免有不足之处,敬请读者批评、指正。

编　者
2025 年 5 月

目　录

项目 1

计算机基础知识

【项目导读】

信息技术(information technology,IT)是用于管理和处理信息所采用的各种技术的总称。它主要是应用计算机科学和通信技术来设计、开发、安装和实施信息系统及应用软件,也常被称为信息和通信技术(information and communication technology,ICT)。

信息技术领域的研究包括科学、技术、工程以及管理等学科。信息技术的应用包括计算机硬件和软件、网络和通信技术、应用软件开发工具等。计算机和互联网普及以来,人们日益普遍地使用计算机来生产、处理、交换和传播各种形式的信息(如书籍、商业文件、报刊、唱片、电影、电视节目、语音、图形、影像等)。

在企业和学校中,信息技术体系结构是一个为达成战略目标而采用和发展信息技术的综合结构。它包括管理和技术两方面。管理方面包括使命、职能与信息需求、系统配置和信息流程;技术方面包括用于实现管理体系结构的信息技术标准、规则等。由于计算机是信息管理的中心,计算机部门通常被称为"信息技术部门",有些公司称这个部门为信息服务(IS)部门或管理信息服务(MIS)部门。另一些企业选择外包信息技术部门,以获得更好的效益。

信息技术代表着当今先进生产力的发展方向,信息技术的广泛应用使信息的重要生产要素和战略资源的作用得以发挥,使人们能更高效地进行资源优化配置,从而推动传统产业不断升级,提高社会劳动生产率和社会运行效率。

信息技术推广、应用的显著成效促使世界各国致力于信息化,而信息化的巨大需求又驱使信息技术高速发展。当前信息技术发展的总趋势是以互联网技术的发展和应用为中心,从典型的技术驱动发展模式向技术驱动与应用驱动相结合的模式转变。

【职业素养】

(1)了解信息技术的相关概念和当今国内外信息技术发展与竞争态势。

(2)学习计算机病毒的相关概念和预防知识,提高在信息时代的信息安全意识。

(3)通过对多媒体知识的学习,拓宽学习方法和渠道。

(4)结合各专业发展与创新,积极担负时代和社会责任。

【学习目标】

(1) 掌握信息与信息技术的概念。
(2) 掌握计算机中数据、字符和汉字的编码。
(3) 掌握多媒体技术的基本知识。
(4) 了解计算机病毒的概念和防治方法。

任务 1.1 信息技术概论

1.1.1 信息与信息处理

1. 信息的概念

(1) 信息就是信息,它既不是物质,也不是能量。
(2) 信息是事物运动的状态及状态变化的方式。
(3) 信息是认识主体所感知或所表述的事物运动及其变化方式的形式、内容和效用。
(4) 信息普遍存在,是一种基本资源。

2. 信息与数据的关系

(1) 信息是对人有用的数据。
(2) 当数据向人们传递了某些含义时,数据就变成了信息。
(3) 在信息处理领域中,信息是人们要解释的那些数据的含义。

3. 信息处理过程

信息处理过程是人们获取信息、传递信息、加工(处理)信息并按照信息加工的结果,通过手、脚等效应器官作用于事物客体的一个典型过程,如图 1-1 所示。

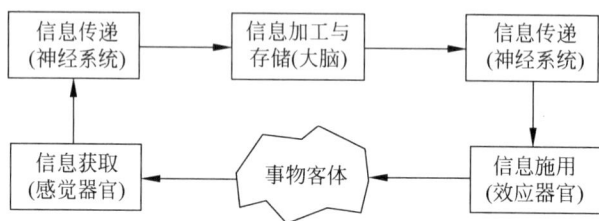

图 1-1 人工进行信息处理的过程

信息处理包括以下过程。
(1) 信息的收集,如信息的感知、测量、获取、输入等。
(2) 信息的加工,如分类、计算、分析、综合、转换、检索、管理等。
(3) 信息的存储,如书写、摄影、录音、录像等。
(4) 信息的传递,如邮寄、出版、电报、电话、广播等。
(5) 信息的使用,如控制、显示等。

1.1.2 信息技术

信息技术是用来扩展人们信息器官功能,协助人们更有效地进行信息处理的一类技术,包括以下 4 个方面。

(1) 扩展感觉器官功能的感测(获取)与识别技术。

(2) 扩展神经系统功能的通信技术。

(3) 扩大脑功能的计算(处理)与存储技术。

(4) 扩展效应器官功能的控制与显示技术。

现代信息技术的主要特征是以数字技术为基础,以计算机为核心,采用电子技术(包括激光技术)进行信息处理,包括通信、广播、计算机、因特网、微电子、遥感遥测、自动控制、机器人等诸多领域。

微电子技术、通信技术和计算机技术是现代信息技术的三大核心技术。

1.1.3 信息处理系统

1. 信息处理系统简介

信息处理系统是用于辅助人们进行信息获取、传递、存储、加工处理、控制及显示的综合使用各种信息技术的系统。

2. 信息处理系统的分类

(1) 按自动化程度划分可分为自动和半自动两种。

(2) 按技术手段划分可分为机械、电子和光学三种。

(3) 按适用范围划分可分为专用和通用两种。

(4) 按应用领域可划分为以下几种。

① 雷达:以感知与识别为主要目的的系统。

② 电视/广播:单向的、点到多点(面)的、以信息传递为主要目的的系统。

③ 电话:双向的、点到点的、以信息交互为主要目的的系统。

④ 银行:以处理金融信息为主要目的的系统。

⑤ 图书馆:以信息收藏和检索为主要目的的系统。

⑥ 因特网:跨越全球的多功能信息处理系统。

任务 1.2 数的进制

1.2.1 进位计数制的概念

多位数码中每一位的构成方法以及从低位到高位的进位规则称为进位计数制(简称数制)。如果采用 R 个基本符号$(0,1,\cdots,R-1)$表示数值,则称其为 R 数制,R 称为该数制的基数(radix)。

例如,十进制采用 10 个基本符号 $0,1,\cdots,9$ 表示数值,十进制的基数是 10。

任何一个 R 进制数 $N(a_n a_{n-1} \cdots a_1 a_0 . a_{-1} a_{-2} \cdots a_{-m})$ 都可以展开为

$$(N)_R = \sum_{i=-m}^{n} a_i \times R^i$$

即 $(N)_R = a_n R^n + a_{n-1} R^{n-1} + \cdots + a_1 R^1 + a_0 R^0 + a_{-1} R^{-1} + \cdots + a_{-m} R^{-m}$

其中,R 为计数的基数;a_i 为第 i 位的系数,可以为 $0, 1, \cdots, R-1$ 中的任意 1 个;R^i 称为第 i 位的权。

1.2.2 常用的进制数

常用的进制数包括十进制数、二进制数、八进制数和十六进制数。各进制的对照如表 1-1 所示。

表 1-1 十进制数、二进制数、八进制数、十六进制数的对照

十进制数	二进制数	八进制数	十六进制数
0	0000	0	0
1	0001	1	1
2	0010	2	2
3	0011	3	3
4	0100	4	4
5	0101	5	5
6	0110	6	6
7	0111	7	7
8	1000	10	8
9	1001	11	9
10	1010	12	A
11	1011	13	B
12	1100	14	C
13	1101	15	D
14	1110	16	E
15	1111	17	F

(1) 十进制数。十进制数是由 0、1、2、3、4、5、6、7、8、9 共 10 个不同的数字符号表示的数字,其基数是 10,逢 10 进 1,借 1 当 2。这些数字符号处于十进制中不同的位置时,其权值各不相同,十进制数各位的权值是 10 的整数次幂。十进制数的标志是尾部加 D 或省略。

(2) 二进制数。二进制是计算技术中广泛采用的一种数制。二进制数是用 0 和 1 两个数码来表示的数字。它的基数为 2,逢 2 进 1,借 1 当 2。当前的计算机系统使用的基本上是二进制系统。数据在计算机中主要是以补码的形式存储的。二进制数各位的权值是 2 的整数次幂。二进制数的标志是尾部加 B。

(3) 八进制数。八进制数是由 0、1、2、3、4、5、6、7 共 8 个不同的数字符号表示的数字,其基数为 8,逢 8 进 1,借 1 当 8。八进制数各位的权值是 8 的整数次幂。八进制数的标志是尾部加 Q。

(4) 十六进制数。十六进制数是由 0、1、2、3、4、5、6、7、8、9、A、B、C、D、E、F 共 16 个不同的数字和字母表示的数字,其基数是 16,逢 16 进 1,借 1 当 16。十六进制数各位的权值是 16 的整数次幂。十六进制数的标志是尾部加 H。

（5）任意（R）进制数。每种进制都有固定的数码——基数；按基数进行进位或借位——逢 R 进 1，借 1 当 R；用位权值来计算。位权的值等于基数的若干次幂。

1.2.3　进制数之间的转换

1. R 进制数转换为十进制数

转换方法：按权展开后相加。

例如，将二进制数 110.01 按权展开为

$$101.01B=1\times 2^2+0\times 2^1+1\times 2^0+0\times 2^{-1}+1\times 2^{-2}$$

这个过程叫作数值的按权展开。

2. 十进制数转换为 R 进制数

转换方法：将整数部分除以 R，自下向上取余；小数部分乘以 R，自上向下取整。

例如，225.8125＝(11100001.1101)B，转换方法如下。

```
整数部分                          小数部分
2 |225    余1   低位              0.8125
  2 |112  余0                   ×      2    取整   高位
    2 |56 余0                   1.6250      1
      2 |28 余0                 ×      2
        2 |14 余0               1.2500      1
          2 |7  余1             ×      2
            2 |3  余1           0.5000      0
              2 |1  余1         ×      2
                0   高位         1.0000      1    低位
```

3. 八进制数与二进制数的转换

转换方法：1 位八进制数对应 3 位二进制数。

（1）二进制数转换为八进制数。整数部分从低位向高位方向每 3 位为一组，用一个等值的八进制数字替代，不足 3 位时高位用 0 补满；小数部分从高位向低位方向每 3 位为一组，用 个等值的八进制数字替代，不足 3 位时低位用 0 补满。

例如，将二进制数 11100101.1 转换为八进制数的方法如下。

$$(11100101.1)_2=(\underline{011}\ \underline{100}\ \underline{101}.\underline{100})_2=(345.4)_8$$

（2）八进制数转换为二进制数。把每一个八进制数字改写成等值的 3 位二进制数即可，保持高低位次序不变。

例如，将八进制数 76.3 转换为二进制数的方法如下。

$$\underline{\begin{matrix}7\\1\ \ 1\ \ 1\end{matrix}}\quad \underline{\begin{matrix}6\\1\ \ 1\ \ 0\end{matrix}}.\quad \underline{\begin{matrix}3\\0\ \ 1\ \ 1\end{matrix}}$$

即(76.3)_8＝(111110.011)_2。

4. 十六进制数与二进制数的转换

转换方法：1 位十六进制数对应 4 位二进制数。

（1）二进制数转换为十六进制数。根据前面转换八进制数的方法，将二进制数转换成十六进制数时，以小数点为中心向左右两边分组，每 4 位一组，两头不足 4 位补 0 即可。

例如,将二进制数 11100101.1 转换为十六进制数的方法如下。

$$(11100101.1)_2 = (\underline{1110}\ \underline{0101}.\underline{1000})_2 = (E5.8)_{16}$$

（2）十六进制数转换为二进制数。把每一个十六进制数字改写成等值的 4 位二进制数即可,保持高低位次序不变。

例如,将十六进制数 7C.3 转换为二进制数的方法如下。

$$\underset{0\ 1\ 1\ 1}{7}\quad\underset{1\ 1\ 0\ 0}{C}\ .\ \underset{0\ 0\ 1\ 1}{3}$$

即$(7C.3)_{16} = (1111100.0011)_2$。

任务 1.3　信息的表示与存储

1.3.1　数据与信息

数据是对客观事物的符号表示。例如,数值、文字、语言、图形、图像等都是不同形式的数据。

信息既是对客观事物变化和特征的反映,又是事物之间相互作用、相互联系的表征。信息必须数字化编码,才能用计算机进行传送、存储和处理;信息具有针对性和时效性。

数据与信息的区别:数据是信息的载体,信息是数据处理之后产生的结果。信息有意义,而数据没有。

例如,数据 2、4、8、16、32 是一组数据,本身是没有意义的,但人们从中可以分析出这组数构成一个等比数列,因此可以很清楚地得到后续的数字。这样便将数据赋予了意义,这就是信息,是有用的数据。

1.3.2　计算机中的数据

1946 年诞生的世界上公认的第一台电子计算机是 ENIAC(electronic numerical integrator and calculator,电子数字积分计算机),它采用的是十进制。后来冯·诺依曼研制 IAS 时,提出了二进制的表示方法。

二进制具有以下优点:物理上容易实现,信息的存储更加容易,可靠性强,运算简单,通用性强。目前我们使用的计算机采用二进制形式对信息进行表示、处理、存储和传输。

1.3.3　计算机中数据的单位

1. 位

1）位的概念

位(bit)是度量数据的最小单位。在计算机技术中用二进制表示数据,1 位数据只能表示 0 和 1 两个数值。它是计算机和其他数字系统处理、存储和传输信息的最小单位。

2）位的运算

基础的逻辑运算有逻辑加、逻辑乘和取反。

逻辑加也称为"或"运算,用符号 OR 或"+"表示。其运算规则如下。

$$0+0=0\quad 0+1=1\quad 1+0=1\quad 1+1=1$$

逻辑乘也称为"与"运算,用符号 AND、"∧"或"·"表示。其运算规则如下。

$$0 \wedge 0 = 0 \quad 0 \wedge 1 = 0 \quad 1 \wedge 0 = 0 \quad 1 \wedge 1 = 1$$

取反也称为"非"运算,用符号 NOT 或"⁻"表示。其运算规则如下。

$$\bar{0} = 1 \quad \bar{1} = 0$$

当两个多位的二进制信息进行逻辑运算时,按位独立进行,即每一位不受同一信息的其他位的影响。

例如,求 11001101∧10101011 的方法如下。

$$
\begin{array}{r}
11001101 \\
\wedge\,10101011 \\
\hline
10001001
\end{array}
$$

2. 字节

"位"的单位太小,一个西文字符需要用 8 位表示,而一个汉字至少需要 16 位才能表示,因此,人们引进了一个较大的计量单位——字节(byte),用大写字母 B 表示。一个字节有 8 位。在计算机信息处理系统中,使用各种不同类型的存储器来存储二进制信息时,存储容量是一项很重要的性能指标,存储器容量通常以字节为单位来描述,还有千字节、兆字节、吉字节和太字节,它们之间的进率按内存或外存分别是 1024 和 1000。

1) 内存

千字节:$1KB = 1024B = 2^{10}B$

兆字节:$1MB = 1024KB = 2^{20}B$

吉字节:$1GB = 1024MB = 2^{30}B$

太字节:$1TB = 1024GB = 2^{40}B$

2) 外存

千字节:$1KB = 10^{3}B$

兆字节:$1MB = 10^{6}B$

吉字节:$1GB = 10^{9}B$

太字节:$1TB = 10^{12}B$

3. 字长

字长是指计算机一次能够同时处理的二进制位数,即 CPU 在一个机器周期中最多能够并行处理的二进制位数。字长是计算机 CPU 的一个重要指标,直接反映一台计算机的计算能力和运算精度。字长越长,计算机的处理能力通常越强。计算机的字长常常是字节的整倍数,如 8 位、16 位、32 位。目前微型机通常是 64 位,大型机/巨型机已达 128 位。

1.3.4 字符的编码

1. 西文字符的编码

计算机中最常用的字符编码是 ASCII(American standard code for information interchange,美国信息交换标准代码),它是事实上的国际标准。国际通用的 ASCII 是 7 位的,用 7 位二进制数表示一个字符,共有 $2^{7} = 128$ 个不同的值,因此可以表示 128 个不同的字符。ASCII 包括 52 个英文大小写字母、10 个阿拉伯数字、32 个标点符号和 34 个控制码,如表 1-2 所示。

表 1-2　ASCII 表

低 4 位	高 3 位							
	000	001	010	011	100	101	110	111
0000	NUL	DEL	SP	0	@	P	`	p
0001	SOH	DC1	!	1	A	Q	a	q
0010	STX	DC2	"	2	B	R	b	r
0011	ETX	DC3	#	3	C	S	c	s
0100	EOT	DC4	$	4	D	T	d	t
0101	ENQ	NAK	%	5	E	U	e	u
0110	ACK	SYN	&	6	F	V	f	v
0111	BEL	ETB	'	7	G	W	g	w
1000	BS	CAN	(	8	H	X	h	x
1001	HT	EM	)	9	I	Y	i	y
1010	LF	SUB	*	:	J	Z	j	z
1011	VT	ESC	+	;	K	[	k	{
1100	FF	FS	,	<	L	\	l	|
1101	CR	GS	—	=	M	]	m	}
1110	SO	RS	.	>	N	^	n	~
1111	SI	US	/	?	O	_	o	DEL

2. 汉字的编码

1) 国标码

1980 年,为了使每个汉字有一个全国统一的代码,我国颁布了汉字编码的国家标准:《GB 2312—1980　信息交换用汉字编码字符集·基本集》。这个字符集是我国中文信息处理技术的发展基础,也是国内所有汉字系统的统一标准(通常简称为国标码)。

国标码是二字节码,用两个七位二进制数编码表示一个汉字。目前国标码收入了 6763 个汉字,其中一级汉字(最常用,按汉语拼音排列)有 3755 个,二级汉字有 3008 个(按偏旁部首排列),另外还包括 682 个西文字符和符号。

2) 区位码

GB 2312—1980 将汉字和图形符号排列在一个 94 行 94 列的二维代码表中,每两个字节分别用两位十进制编码,前字节的编码称为区码,后字节的编码称为位码,此即区位码,如"啊"字在二维代码表中处于 16 区第 1 位,区位码即为 1601。

3) 将区位码转换为国标码

将区位码转换为国标码的方法是,先将十进制区码和位码转换为十六进制的区码和位码,这样就得了一个与国标码有一个相对位置差的代码;再将这个代码的第一个字节和第二个字节分别加上 20H,就得到国标码。

例如,"中"字的区位码为 5448,将其转换为国标码的步骤如下。

(1) 5448D＝3630H。

（2）3630H＋2020H＝5650H。

3. 汉字的处理过程

汉字的处理过程通常分为三步：①通过键盘输入汉字的输入码；②将输入码转换为相应的国标码，再转换为机内码；③输出汉字时，将汉字的机内码通过简单的对应关系转换为相应的汉字地址码，再通过汉字地址码对汉字库进行访问，从字库中提取汉字的字形码，最后根据字形数据显示和打印出汉字，如图 1-2 所示。

图 1-2　汉字处理过程

1）汉字输入码

汉字输入码也称为汉字外码，是为将汉字输入计算机设计的代码。计算机传入我国后，在其中输入、输出和存储汉字是用户必然的需求。计算机的键盘从英文打字机键盘发展而来，用户可以方便地利用键盘输入英文，却无法直接输入中文。因此产生了汉字输入码。

计算机中汉字的输入方法可以分为以下几类。

（1）音码类：全拼、双拼、微软拼音、智能 ABC 等。

（2）形码类：五笔字型、郑码等。

（3）其他：语音输入、手写输入或扫描输入等。

2）汉字机内码

汉字在计算机内部进行存储、处理的代码称为汉字机内码。汉字机内码用 2 字节存储，其中每个字节最高位置 1。

例如，"中"字的国标码为 5650H，将该十六进制数加上 8080H，即可得到其机内码 D6D0H，用二进制表示为

0101 0110 0101 0000B｜1000 0000 1000 0000B＝1101 0110 1101 0000B

3）汉字字形码

汉字字形码是汉字字形点阵的代码，用于汉字在显示屏或打印机输出。通常有两种表示方式：点阵和矢量。在计算机中，8 个二进制位组成一个字节，它是度量空间的基本单位，可见一个 16×16 点阵的字型码需要 16×16/8＝32 字节的存储空间。

4）汉字地址码

汉字地址码是汉字库中存储汉字字形信息的逻辑地址码，输出设备输出汉字时，必须通过地址码。字形信息是按一定顺序连续存放在存储介质中的，所以汉字地址码大多是连续的、有序的。它与汉字内码间有简单的对应关系，以简化汉字内码到汉字地址码的转换。

5）其他汉字内码

（1）GBK：扩充汉字内码标准。

（2）UCS：通用多八位编码字符集。

（3）Unicode：国际编码标准。

（4）BIG-5：繁体汉字编码标准。

任务 1.4　计算机病毒及其防治

1.4.1　计算机病毒的特点

1. 计算机病毒概述

计算机病毒是指编制者在计算机程序中插入的破坏计算机功能或者破坏数据、影响计算机使用并且能够自我复制的一组计算机指令或者程序代码。这种程序能够在计算机系统中生存、复制和传播。当计算机满足一定条件时，程序就被激活运行，对计算机系统和信息进行更改和删除，使计算机遭到不同程度的破坏。计算机病毒都是人为地故意制造出来的，一旦扩散，甚至制造者自己都无法控制。计算机病毒能在计算机中生存，通过自我复制进行传播，在一定条件下被激活，从而给计算机系统造成损害甚至严重破坏系统中的软件、硬件和数据资源。

随着智能手机的不断普及，手机病毒成了病毒发展的下一个目标。手机病毒是一种破坏性程序，和计算机病毒（程序）一样具有传染性、破坏性。手机病毒可通过发送短信、彩信、电子邮件，浏览网站，下载铃声，蓝牙等方式进行传播。手机病毒可能会导致用户手机死机、关机、资料被删、向外发送垃圾邮件、拨打电话等，甚至会损毁 SIM 卡、芯片等硬件。

2. 计算机病毒特征

（1）繁殖性。计算机病毒可以像生物病毒一样进行繁殖，当正常程序运行的时候，它也会进行自身复制。是否具有繁殖、感染的特征是判断某段程序是否为计算机病毒的首要条件。

（2）破坏性。计算机中毒后，可能会导致正常的程序无法运行，把计算机内的文件删除或受到不同程度的损坏，通常表现为文件的增、删、改、移。

（3）隐蔽性。计算机病毒具有很强的隐蔽性，有的可以通过病毒软件检查出来，有的根本就查不出来，有的时隐时现、变化无常，这类病毒处理起来通常很困难。

（4）传染性。计算机病毒不但本身具有破坏性，更有害的是具有传染性，一旦病毒被复制或产生变种，其速度之快令人难以预防。传染性是病毒的基本特征。计算机病毒会通过各种渠道从已被感染的计算机扩散到未被感染的计算机，在某些情况下造成被感染的计算机工作失常甚至瘫痪。只要一台计算机感染了病毒，如不及时处理，那么病毒会在这台计算机上迅速扩散。计算机病毒可通过各种可能的渠道，如 U 盘、硬盘、移动硬盘、计算机网络去感染其他的计算机。当你在一台机器上发现了病毒时，往往曾在这台计算机上用过的 U 盘也已感染上了病毒，而与这台计算机联网的其他计算机也许也被感染了。是否具有传染性是判别一个程序是否为计算机病毒的重要条件。

（5）潜伏性。有些病毒像定时炸弹一样，它什么时间发作是预先设计的。比如黑色星期五病毒，不到预定时间丝毫觉察不出来，等到条件具备时立刻开始对系统进行破坏。

一个编制精巧的病毒程序,进入系统之后一般不会马上发作,病毒可以静静地躲在磁盘里待上几天,甚至几年,一旦时机成熟,得到运行机会,就要四处繁殖、扩散,继续造成危害。潜伏性的第二种表现是病毒的内部往往有一种触发机制,不满足触发条件时,病毒除了传染外不做什么破坏。触发条件一旦得到满足,有的在屏幕上显示信息、图形或特殊标识,有的则执行破坏系统的操作,如格式化磁盘、删除磁盘文件、对数据文件做加密、封锁键盘以及使系统死锁等。

1.4.2 计算机病毒的分类

1. 按感染方式分类

按照感染方式可将病毒分为引导扇区型病毒、文件型病毒、混合型病毒、宏病毒、Internet病毒(网络病毒)。

2. 按照破坏性分类

按照破坏性可将病毒分为恶性病毒和良性病毒。

3. 几种常见的病毒

1) 木马

木马是一段特定的程序(木马程序),它可以控制另一台计算机。木马通常有两个可执行程序:一个是客户端,即控制端;另一个是服务器端,即被控制端。被植入木马的计算机是"服务器"部分,而所谓的"黑客"正是利用"控制器"进入运行了"服务器"的计算机。运行了木马程序的"服务器"启动后,计算机中就会有一个或几个端口被打开,使黑客可以利用这些打开的端口进入计算机系统,安全和个人隐私也就全无保障了。木马的设计者为了防止木马被发现,通常采用多种手段隐藏木马。木马的服务一旦运行并被控制端连接,其控制端将享有服务器端的大部分操作权限,例如给计算机增加密码,浏览、移动、复制、删除文件,修改注册表,更改计算机配置等。

随着病毒编写技术的发展,木马程序对用户的威胁越来越大,尤其是一些木马程序采用了极其狡猾的手段来隐蔽自己,使普通用户很难在中毒后发觉。其主要危害如下。

(1) 盗取人们的网游账号,威胁人们的虚拟财产的安全。木马病毒会盗取人们的网游账号,并立即将账户中的游戏装备转移,再由木马病毒使用者出售这些盗取的游戏装备和游戏币而获利。

(2) 盗取人们的网银信息,威胁人们的真实财产的安全。木马采用键盘记录等方式盗取人们的网银账号和密码,并发送给黑客,直接导致人们的经济损失。

(3) 利用即时通信软件盗取人们的身份。在中了木马后计算机会下载病毒编制者指定的程序,具有不确定的危害性,如恶作剧等。

(4) 给人们的计算机打开后门,使人们的计算机可能被黑客控制,如灰鸽子木马等。当计算机中了此类木马后,就可能沦为"肉鸡",成为黑客手中的工具。

2) 宏病毒

宏病毒是一种寄存在文档或模板的宏中的计算机病毒。一旦打开这样的文档,其中的宏就会被执行,于是宏病毒就会被激活,转移到计算机上,并驻留在Normal模板上。此后,所有自动保存的文档都会感染上这种宏病毒,而且如果其他用户打开了感染病毒的文档,宏病毒又会转移到他的计算机上。

3)蠕虫病毒

蠕虫病毒是一种常见的计算机病毒,是无须计算机使用者干预即可运行的独立程序,它通过不停地获得网络中存在漏洞的计算机上的部分或全部控制权来进行传播。

1.4.3　计算机病毒的传播途径

1.计算机病毒的主要传播途径

(1) U盘。U盘是最常用的交换媒介,因此也成了计算机病毒寄生的"温床"。

(2) 光盘。光盘因为容量大,存储了大量的可执行文件,大量的病毒就有可能藏身于光盘中。由于对只读式光盘不可进行删除和写操作,光盘上的病毒不能被清除,所以盗版光盘的泛滥给病毒的传播带来了极大的便利。

(3) 硬盘。将带病毒的硬盘在本地或移到其他地方使用、维修时,会将干净的硬盘传染并再扩散。

(4) BBS。BBS是由计算机爱好者自发组织的通信站点,用户可以在BBS上进行文件(包括自由软件、游戏、自编程序)交换。随着BBS的普及,病毒的传播又增加了新的介质。

(5) 网络。现代网络通信技术取得了巨大进步,在信息国际化的同时,病毒也在国际化。大量的国外病毒随着互联网传入国内。

2.计算机感染病毒的常见症状

(1) 磁盘文件数目无故增多。

(2) 系统的内存空间明显变小。

(3) 文件的日期或时间被修改成新近的日期或时间(用户自己并没有修改)。

(4) 感染病毒后的可执行文件的长度通常会明显增加。

(5) 正常情况下可以运行的程序却突然因内存不足而不能运行。

(6) 程序加载时间或程序执行时间明显变长。

(7) 计算机经常出现死机现象或不能正常启动。

(8) 显示器上经常出现一些莫名其妙的信息或异常现象。

1.4.4　计算机病毒的检测和预防

1.计算机病毒的检测

在与病毒的对抗中,及早发现病毒很重要。早发现,早处置,可以减少损失。检测病毒的方法有特征代码法、校验和法、行为监测法、软件模拟法。

2.计算机病毒的预防

(1) 计算机应定期安装系统补丁、安装有效的杀毒软件并根据实际需求进行安全设置。同时,定期升级杀毒软件并经常查毒、杀毒。

(2) 未经检测过不知是否感染病毒的文件、光盘及U盘等移动存储设备在使用前应首先用杀毒软件查毒后再使用。

(3) 尽量使用具有查毒功能的电子邮箱,尽量不要打开陌生的可疑邮件。

（4）浏览网页、下载文件时要选择正规的网站。

（5）关注目前流行病毒的感染途径、发作形式及防范方法，做到预先防范，感染后应及时查毒，避免遭受更大损失。

3．计算机病毒的清除

当怀疑计算机被病毒感染时，应该利用杀毒软件进行全面的清查。查杀病毒前应该做好以下几项工作。

（1）备份重要的数据文件。

（2）断开网络连接。

（3）制作一个能够启动 DOS 并在 DOS 环境下杀毒的 U 盘。

（4）及时更新病毒库，以便发现并清除最新的病毒。

任务 1.5　多媒体技术的初步知识

1.5.1　多媒体的基本概念

1．多媒体的概念

多媒体（multimedia）是一种能够同时对两种或两种以上媒体进行采集、操作、编辑、存储等综合处理的技术，是一门跨学科的综合技术。

2．多媒体的特征

（1）交互性：具有人机交互功能。

（2）集成性：集成多种媒体技术及获取、存储等。

（3）多样性：信息和媒体传播、展示手段等的多样化。

（4）实时性：声音和视频是强实时的。

1.5.2　多媒体系统的组成

在现有的微型计算机系统中，要以数字方式处理多媒体信息，首先要解决的问题是音频和视频媒体如何用计算机进行处理。显然，首先要把音频和视频信号数字化，以数字数据的形式输入计算机存储器中，然后使用软件对它们进行有效的处理。

1．声音

1）定义

声音是一种连续的模拟信号——声波。

2）声音的数字化

声音信号是模拟信号，为了使用计算机进行处理，必须将它转换成二进制编码表示的形式，这个过程称为声音信号的数字化。声音信号数字化的过程如图 1-3 所示。

模拟声音 → 取样 → 量化 → 编码 → 数字声音

图 1-3　声音信号数字化的过程

（1）取样。把时间上连续的声音信号离散为时间不连续但幅度连续的信号。

（2）量化。取样得到的每个样本一般使用 8 位、12 位或 16 位二进制整数表示（称为"量化精度"）。

（3）编码。经过取样和量化得到的数据，还必须进行数据压缩，以减少数据量，并按某种格式对数据进行组织，以便计算机进行存储、处理和传输。

3）声音文件格式

（1）WAV。WAV（waveform audio file format，波形音频文件格式）是微软公司开发的一种声音文件格式，是一种波形声音文件，是最早的数字音频格式，被 Windows 平台及其应用程序广泛支持。WAV 格式支持许多压缩算法，支持多种音频位数、采样频率和声道，采用 44.1kHz 的采样频率，16 位量化位数，跟 CD 一样，对存储空间需求太大不便于交流和传播。

（2）MIDI。MIDI（musical instrument digital interface，乐器数字接口）格式是数字音乐/电子合成乐器的统一国际标准。它定义了计算机音乐程序、数字合成器及其他电子设备交换音乐信号的方式，规定了不同厂家的电子乐器与计算机连接的电缆和硬件及设备间数据传输的协议，可以模拟多种乐器的声音。MIDI 文件就是 MIDI 格式的文件，在 MIDI 文件中存储的是一些指令。把这些指令发送给声卡，由声卡按照指令将声音合成出来。

（3）CDA。CDA（compact disk audio track，光盘音频轨道）是 CD 采用的音乐格式，其取样频率为 44.1kHz，16 位量化位数，跟 WAV 一样，但 CD 存储采用了音轨的形式，又叫"红皮书"格式，记录的是波形流，是一种近似无损的格式。

（4）MP3。MP3（MPEG-1 audio layer 3）能够以高音质、低采样率对数字音频文件进行压缩。换句话说，音频文件（主要是大型文件，比如 WAV 文件）能够在音质损失很小的情况下（人耳根本无法察觉这种音质损失）把文件压缩到更小的程度。

（5）MP3 Pro。MP3 Pro 是由瑞典 Coding 科技公司开发的，其中包含了两大技术：一是来自 Coding 科技公司所特有的解码技术；二是由 MP3 的专利持有者法国汤姆森多媒体公司和德国 Fraunhofer 集成电路协会共同研究的一项译码技术。MP3 Pro 可以在基本不改变文件大小的情况下改善原先的 MP3 音乐音质。它能够在用较低的比特率压缩音频文件的情况下，最大限度地保持压缩前的音质。

（6）WMA。WMA（Windows media audio）是微软在互联网音频、视频领域的力作。WMA 格式的目标是在减少数据流量但保持音质的前提下得到更高的压缩率，其压缩率一般可以达到 1∶18。此外，WMA 还可以通过 DRM（digital rights management）方案防止复制，或者限制播放时间和播放次数，甚至对播放机器也有限制，可有力地防止盗版。

（7）MP4。MP4 采用的是美国电话电报公司（AT&T）所研发的以"知觉编码"为关键技术的 A2B 音乐压缩技术，由美国网络技术公司（GMO）及 RIAA 联合公布。MP4 在文件中采用了保护版权的编码技术，只有特定的用户才可以播放，有效地保证了音乐版权的合法性。另外，MP4 的压缩比达到了 1∶15，体积较 MP3 更小，但音质却没有下降。但只有特定的用户才能播放这种文件。

（8）SACD。SACD（superaudio CD）是由 Sony 公司正式发布的。它的采样频率为

CD 格式的 64 倍,即 2.8224MHz。SACD 重放频率带宽达 100kHz,为 CD 格式的 5 倍,24 位量化位数,远远超过 CD,声音的细节表现更为丰富。

2. 图像

1)定义

图像是自然界中的客观景物,通过某种系统的映射使人们产生的视觉感受。图像有黑白、灰度、彩色、摄影图像等。

2)图像分类

(1)静态图像:分为矢量图形和点阵位图图像两种。

(2)动态图像:分为视频和动画。通常将摄像机拍摄得到的动态图像称为视频;计算机用绘画方法生成的动态图像称为动画。

3)常用图像文件格式

图像是一种普遍使用的数字媒体,有着广泛的应用。多年来不同公司开发了许多图像处理软件,因而出现了多种不同的图像文件格式。下面介绍几种经常使用的图像文件格式。

(1)BMP:BMP 图像一般称为位图格式,是 Windows 操作系统采用的图像文件存储格式。在 Windows 环境下所有的图像软件都支持这种格式。

位图格式的文件一般以.bmp 为扩展名,属于无损压缩。

(2)TIFF:TIFF 图像文件格式大多使用于扫描仪和桌面出版,能支持多种压缩方法和多种不同类型的图像,此格式的图像文件一般以.tiff 或.tif 为扩展名。

(3)GIF:GIF 文件格式属于无损压缩。支持透明背景,它的颜色数量不超过 256。GIF 适用于在色彩要求不高的应用场合作为插图、剪贴画等使用。GIF 文件特别小,适合因特网传输。具有在屏幕上渐进显示的功能。尤为突出的是,它可以将多张图像保存在同一个文件中,显示时按预先规定的时间间隔逐一进行显示,形成动画的效果,因而在网页制作中大量使用。

(4)PNG:PNG 支持流式读写,适合在网络通信过程中连续传输,能由低分辨率到高分辨率、由轮廓到细节逐渐地显示图像。

(5)JPEG:JPEG 图像的压缩率可以控制,压缩率越低,重建后的图像质量越好,反之越差。目前,绝大多数数码相机和扫描仪可以直接生成 JPEG 格式的图像文件。网络上的人物或风景照片大部分是 JPEG 格式的。

JPEG 格式文件的扩展名有.jpeg、.jpg、.jpe 等。

3. 常用视频文件格式

常用视频文件格式有 AVI(.avi)、MOV(.mov)、MPG/MPEG(.mpg/.mp4)、DAT(.dat)。流式视频(streaming video)常用的格式有 RM、ASF 和 WMV。

1.5.3　多媒体计算技术及其应用

1. 多媒体计算技术的定义

多媒体计算技术(multimedia computing technology)的定义是:计算机综合处理多种媒体信息文本、图形、图像、音频和视频,使多种信息建立逻辑连接,集成为一个系统并具有交互性。

2.多媒体计算技术的主要应用

(1) 教育和培训。

(2) 咨询和演示。

(3) 管理信息系统。

(4) 可视化电话系统及视频会议系统。

(5) 视频服务系统。

任务 1.6   真题强化

1. 计算机病毒破坏的主要对象是( )。

    A. U盘   B. 磁盘驱动器   C. CPU   D. 程序和数据

2. 下列有关信息和数据的说法中,错误的是( )。

    A. 数据是信息的载体

    B. 数值、文字、语言、图形、图像等都是不同形式的数据

    C. 数据处理之后产生的结果为信息,信息有意义,数据没有

    D. 数据具有针对性、时效性

3. 十进制数 100 转换成二进制数是( )。

    A. 01100100   B. 01100101   C. 01100110   D. 01101000

4. 在下列各种编码中,每个字节最高位均是"1"的是( )。

    A. 外码   B. 汉字机内码

    C. 汉字国标码   D. ASCII 字符

5. 如果在一个非零无符号二进制整数之后添加一个 0,则此数的值为原数的( )。

    A. 10 倍   B. 2 倍   C. 1/2   D. 1/10

6. 在计算机中,组成 1 字节的二进制位位数是( )。

    A. 1   B. 2   C. 4   D. 8

7. 计算机技术中,下列度量存储器容量的单位中,最大的单位是( )。

    A. KB   B. MB   C. B   D. GB

8. 已知三个字符为 a、Z 和 8,按它们的 ASCII 值升序排序,结果是( )。

    A. 8,a,Z   B. a,8,Z   C. a,Z,8   D. 8,Z,a

9. 传播计算机病毒的一大可能途径是( )。

    A. 通过键盘输入数据时传入

    B. 通过电源线传播

    C. 通过使用表面不清洁的光盘

    D. 通过 Internet 网络传播

10. 十进制数 100 转换成无符号二进制整数是( )。

    A. 0110101   B. 01101000

    C. 01100100   D. 01100110

11. 在计算机的硬件技术中,构成存储器的最小单位是(　　)。

　　A. 字节(Byte)　　　　　　　　　　B. 二进制位(bit)

　　C. 字(Word)　　　　　　　　　　D. 双字(Double Word)

12. 以.wav 为扩展名的文件通常是(　　)。

　　A. 文本文件　　　　　　　　　　B. 音频信号文件

　　C. 图像文件　　　　　　　　　　D. 视频信号文件

13. ASCII 字符用 7 位二进制位表示,可表示不同的编码个数是(　　)。

　　A. 127　　　　　B. 128　　　　　C. 255　　　　　D. 256

14. 下列关于计算机病毒的叙述中,错误的是(　　)。

　　A. 反病毒软件可以查、杀任何种类的病毒

　　B. 计算机病毒是人为制造的.企图破坏计算机功能或计算机数据的一段小程序

　　C. 反病毒软件必须随着新病毒的出现而升级,提高查、杀病毒的功能

　　D. 计算机病毒具有传染性

15. 无符号二进制整数 111111 转换成十进制数是(　　)。

　　A. 71　　　　　B. 65　　　　　C. 63　　　　　D. 62

16. 1GB 的准确值是(　　)。

　　A. 1024×1024B　　　　　　　　B. 1024KB

　　C. 1024MB　　　　　　　　　　D. 1000×1000KB

17. 按照数的进位制概念,下列各个数中正确的八进制数是(　　)。

　　A. 1101　　　　　B. 7081　　　　　C. 1109　　　　　D. B03A

18. 下列叙述中,正确的是(　　)。

　　A. 一个标准的 ASCII 字符占 1 字节的存储量,其最高位二进制总为 0

　　B. 大写英文字母的 ASCII 值大于小写英文字母的 ASCII 值

　　C. 同一个英文字母(如字母 A)的 ASCII 值和它在汉字系统下的全角内码是相同的

　　D. 标准 ASCII 表的每一个 ASCII 字符都能在屏幕上显示成一个相应的字符

19. 下列叙述中,正确的是(　　)。

　　A. 计算机病毒是由于光盘表面不清洁而造成的

　　B. 计算机病毒主要通过读写移动存储器或 Internet 网络进行传播

　　C. 只要把带病毒的 U 盘设置成只读状态,那么此盘上的病毒就不会因读盘而传染给另一台计算机

　　D. 计算机病毒发作后,将造成计算机硬件永久性的物理损坏

20. 在一个非零无符号二进制整数之后添加一个 0,则此数的值为原数的(　　)。

　　A. 4 倍　　　　　B. 2 倍　　　　　C. 1/2 倍　　　　　D. 1/4 倍

21. Pentium(奔腾)微机的字长是(　　)位。

　　A. 8　　　　　B. 16　　　　　C. 32　　　　　D. 64

22. 下列关于 ASCII 的叙述中,正确的是(　　)。

　　A. 一个标准的 ASCII 字符占 1 字节,其最高二进制位总为 1

B. 所有大写英文字母的 ASCII 值都小于小写英文字母 a 的 ASCII 值

C. 所有大写英文字母的 ASCII 值都大于小写英文字母 a 的 ASCII 值

D. 标准 ASCII 表中有 256 个不同的字符编码

23. 一个字长为 5 位的无符号二进制数能表示的十进制数值范围是(　　)。

    A. 1～32　　　　　B. 0～31　　　　　C. 1～31　　　　　D. 0～32

24. 计算机病毒是指"能够侵入计算机系统并在计算机系统中潜伏、传播,破坏系统正常工作的一种具有繁殖能力的(　　)"。

    A. 流行性感冒病毒　　　　　　　　B. 特殊小程序

    C. 特殊微生物　　　　　　　　　　D. 源程序

25. 在下列字符中,其 ASCII 值最小的一个是(　　)。

    A. 空格　　　　　　B. 0　　　　　　　C. A　　　　　　　D. a

26. 十进制数 18 转换成二进制数是(　　)。

    A. 010101　　　　　B. 101000　　　　　C. 010010　　　　　D. 001010

27. 十进制数 29 转换成无符号二进制数等于(　　)。

    A. 11111　　　　　B. 11101　　　　　C. 11001　　　　　D. 11011

28. 对 10GB 的硬盘,其存储容量为(　　)。

    A. 一万字节　　　　　　　　　　　B. 一千万字节

    C. 一亿字节　　　　　　　　　　　D. 一百亿字节

29. 已知英文字母 m 的 ASCII 值为 6DH,那么字母 q 的 ASCII 值是(　　)。

    A. 70H　　　　　　B. 71H　　　　　　C. 72H　　　　　　D. 6FH

30. 一个字长为 6 位的无符号二进制数能表示的十进制数值范围是(　　)。

    A. 0～64　　　　　B. 1～64　　　　　C. 1～63　　　　　D. 0～63

31. 一个汉字的国标码需用 2 字节存储,其每字节的最高二进制位的值分别为(　　)。

    A. 0,0　　　　　　B. 1,0　　　　　　C. 0,1　　　　　　D. 1,1

32. 在下列字符中,其 ASCII 值最大的是(　　)。

    A. 9　　　　　　　B. 7　　　　　　　C. d　　　　　　　D. x

33. 下列关于计算机病毒的叙述中,正确的是(　　)。

    A. 反病毒软件可以查杀任何种类的病毒

    B. 计算机病毒是一种被破坏了的程序

    C. 反病毒软件必须随着新病毒的出现而升级,提高查、杀病毒的功能

    D. 感染过计算机病毒的计算机具有对该病毒的免疫性

34. 在下列字符中,其 ASCII 值最大的是(　　)。

    A. 9　　　　　　　B. Q　　　　　　　C. d　　　　　　　D. F

35. 已知英文字母 m 的 ASCII 值为 6DH,那么 ASCII 值为 71H 的英文字母是(　　)。

    A. M　　　　　　　B. j　　　　　　　C. p　　　　　　　D. q

36. 下列字符大小关系中,正确的是(　　)。

    A. 空格＞a＞A　　B. 空格＞A＞a　　C. a＞A＞空格　　D. A＞a＞空格

37. 声音与视频信息在计算机内的表现形式是（　　）。
  A. 二进制数字　　　　B. 调制　　　　　　C. 模拟　　　　　　D. 模拟或数字

38. 下列关于计算机病毒的说法中，正确的是（　　）。
  A. 计算机病毒是一种有损计算机操作人员身体健康的生物病毒
  B. 计算机病毒发作后，将造成计算机硬件永久性的物理损坏
  C. 计算机病毒是一种通过自我复制进行传染的，破坏计算机程序和数据的小程序
  D. 计算机病毒是一种有逻辑错误的程序

39. 1KB 的准确数值是（　　）。
  A. 1024B　　　　　　B. 1000B　　　　　　C. 1024b　　　　　　D. 1000b

40. 一个字长为 8 位的无符号二进制整数能表示的十进制数值范围是（　　）。
  A. 0～256　　　　　　B. 0～255　　　　　　C. 1～256　　　　　　D. 1～255

41. 在 ASCII 表中，已知英文字母 K 的十六进制值是 4B，则二进制数 1001000 对应的字符是（　　）。
  A. G　　　　　　　　B. H　　　　　　　　C. I　　　　　　　　D. J

42. 以 .jpg 为扩展名的文件是（　　）文件。
  A. 文本　　　　　　　B. 音频信号　　　　　C. 图像　　　　　　D. 视频信号

43. 计算机病毒的危害表现为（　　）。
  A. 能造成计算机芯片的永久性失效
  B. 使磁盘霉变
  C. 影响程序运行，破坏计算机系统的数据与程序
  D. 切断计算机系统电源

44. 十进制数 127 转换为二进制数为（　　）。
  A. 1010000　　　　　B. 0001000　　　　　C. 1111111　　　　　D. 1011000

45. 用 8 位二进制数能表示的最大的无符号整数等于十进制数（　　）。
  A. 255　　　　　　　B. 256　　　　　　　C. 128　　　　　　　D. 127

46. 在 ASCII 表中，已知英文字母 D 的 ASCII 值是 68，那么英文字母 A 的 ASCII 值是（　　）。
  A. 64　　　　　　　　B. 65　　　　　　　　C. 96　　　　　　　　D. 97

47. 对一个图形来说，通常用位图格式文件存储与用矢量格式文件存储所占用的空间比较（　　）
  A. 更小　　　　　　　B. 更大　　　　　　　C. 相同　　　　　　D. 无法确定

48. 下列关于计算机病毒的描述，正确的是（　　）。
  A. 正版软件不会受到计算机病毒的攻击
  B. 光盘上的软件不可能携带计算机病毒
  C. 计算机病毒是一种特殊的计算机程序，因此数据文件中不可能携带病毒
  D. 任何计算机病毒一定会有清除的办法

49. 在微机中，西文字符所采用的编码是（　　）。
  A. EBCDIC　　　　　B. ASCII　　　　　　C. 国标码　　　　　D. BCD

任务 1.7 评价与讨论

1. 抛出问题

（1）除了本书中提到的计算机病毒，你还知道哪些计算机病毒？

（2）你能找到哪些信息技术可以提高我们生活质量的例子？

（3）你在生活和学习中遇到过哪些多媒体技术？

2. 说一说、评一评

学生在解决问题过程中，分小组讨论，最后选派代表回答问题，其他小组成员及教师给出点评，并从回答问题过程中了解学生对学习目标的掌握情况。

课堂重点突出，培养学生的实际应用能力，教师做好记录，为以后的教学获取第一手材料。

任务 1.8 资料链接

学习信息技术，增强强国意识

当今时代，互联网发展日新月异，信息化浪潮席卷全球，中华民族迎来了千载难逢的历史机遇。一直以来，判断一个国家的发展潜力的重要依据就是该国的综合竞争力，而影响国家综合竞争力的主要因素随着历史的发展不断地变化。在经济全球化趋势愈演愈烈、人类已经进入信息经济时代的今天，纵观全球的政治经济态势可以发现，虽然有诸多因素决定一个现代国家的综合竞争力，但其中关键的因素之一就是一个国家的信息化程度。

党的十八大以来，习近平总书记站在人类历史发展、党和国家事业全局高度，从信息化发展大势和国内国际大局出发，重视互联网、发展互联网、治理互联网，统筹推进网络安全和信息化工作，提出一系列具有开创性意义的新理念新思想新战略，深刻解答了事关网信事业发展的一系列重大理论和实践问题，形成了习近平总书记关于网络强国的重要思想，擘画了建设网络强国的宏伟蓝图。

以 5G 时代给我国带来的影响为例：第一，增强了我国在国际社会的话语权。科技是综合国力的因素之一，推进 5G 能够加快我国的科技发展，进一步增强国际话语权。国际社会也是很现实的，一切都要拿实力说话，"弱国无外交"也很好地说明了国际社会的本质。想要获得平等甚至优待就必须增强自身实力。5G 作为一个新兴的事物出现，全世界都在使用，那么必然就会存在规则。可想而知，规则的制定者肯定是技术最好、市场份额最多的，大力推进 5G 网络建设能够让我们国家主动掌握规则。第二，实现赶超的节点。现在国际社会实际上存在很多不公平，而且是在一个发达国家主导的规则之下，推动 5G 网络建设能够让我们拥有实现赶超其他国家的机会。现在美国等其他发达国家在科技发展上依旧是领先的，想要实现"弯道超车"就不能错过每一个机会。5G 衍生出的生态链相当大，不管是生活方面还是军事方面，科技越发展越智能，知识也会变得更加重要，在以后可能会发生翻天覆地的变化,新兴行业也会因此不断产生,对未来行业的发展是非常大的。

计算机存储容量的度量单位

现在计算机中内存储器和外存储器的容量的度量单位,虽然使用的符号相同,但实际含义却不一样。内存储器容量通常使用 2 的幂次作为其单位:$1KB=2^{10}B$,$1MB=2^{20}B$,$1GB=2^{30}B$,$1TB=2^{40}B$,等等。外存储器(包括硬盘、光盘、U 盘等)的存储容量则以 10 的幂次作为其单位:$1KB=10^3B$,$1MB=10^6B$,$1GB=10^9B$,$1TB=10^{12}B$,等等。这样一来,用户在使用计算机的过程中就会发现一个奇怪的现象,安装在计算机中的外存储器容量被"缩水"了。例如,明明硬盘的容量是 320GB,操作系统显示的却是 298.09GB;明明买的是 8GB 的 U 盘,系统显示出来却是 7.21GB,如图 1-4 所示。

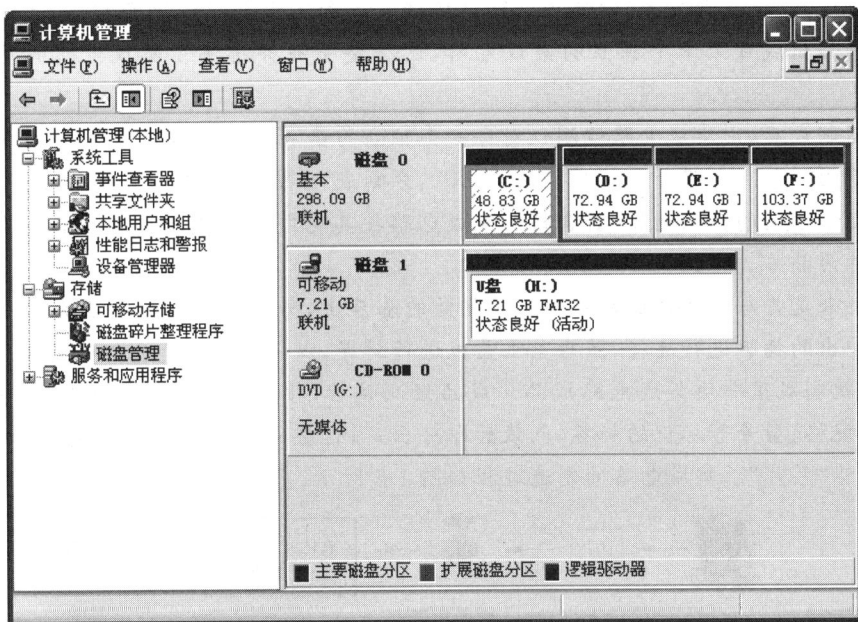

图 1-4　系统中显示的外存储器容量

原因其实很简单。因为 Windows 操作系统(其他大部分软件也一样)在显示外存容量、内存容量、Cache 容量和文件及文件夹的大小时,其容量的度量单位一概都是以 2 的幂次作为 K、M、G、T 等符号的定义,而外存储器生产厂商使用的 K、M、G、T 等符号却是以 10 的幂次定义的,这就是外存储器容量在系统中变小的原因。

为什么内存(包括 Cache 存储器)容量单位使用 2 的幂次呢? 因为内存储器是以字节为单位编址的,每个字节有一个自己的地址,CPU 使用二进位表示的地址码来指出需要访问(读/写)的内存单元。地址码是一个无符号整数,n 个二进位的地址码共有 2^n 个不同组合,可以表示 2^n 个不同的地址,也就可以用来指定内存中 2^n 个不同的字节,所以内存的容量一般都以 2 的幂次来计算。而外存储器却不是以字节为单位而是以扇区为单位进行编址的。以硬盘为例,每个扇区的容量一般是 512 字节,总容量=盘面数×磁道数/面×扇区数/磁道×512字节。为了计算方便,也为了使标称容量可以比以2的幂次为单位进行计算更大一些,外存储器厂商都以传统的10的幂次作为其容量的度量单位。

集成电路的制造过程及发展趋势

集成电路是在硅衬底上制作而成的。硅衬底是将单晶硅锭经切割、研磨和抛光后制成的像镜面一样光滑的圆形薄片,它的厚度不足1mm,其直径可以是6in(1in≈2.54cm)、8in、12in甚至更大,这种硅片称为硅抛光片。硅抛光片经过严格清洗后可直接用于集成电路的制备。

制备集成电路所用的工艺技术称为硅平面工艺,它包括氧化、光刻、掺杂和互连等多项工序。把这些工序反复交叉使用,最终在硅片上制成包含多层电路及电子元件(如晶体管、电阻、电容、逻辑开关等)的集成电路。视硅大小和集成电路的复杂程度,每一硅抛光片上可制作出成百上千个独立的集成电路,这种整整齐齐排满了集成电路的硅片称作"晶圆"。

晶圆制成后,用集成电路检测仪对每一个独立的集成电路逐个进行检测,将不合格的集成电路用磁浆点上记号。然后将晶圆切开,分割成一个个单独的集成电路小片,通过电磁法把点了磁浆的废品剔除,将合格的集成电路按其电气特性进行分类。这些集成电路小片就称为晶片。

接下来是将每个晶片固定在塑胶或陶瓷的基座上,并把芯片上蚀刻出来的引线与基座底部伸出的插脚进行连接,然后盖上盖板进行封焊,以保护晶片免受机械刮伤或环境污染,这样就制成了一块集成电路成品。成品经测试后,按照它们的性能参数分为不同等级,贴上规格、型号等标识的标签,包装后即可出厂,这就是人们通常所说的"集成电路芯片"或简称"芯片"。集成电路的制造过程如图1-5所示。

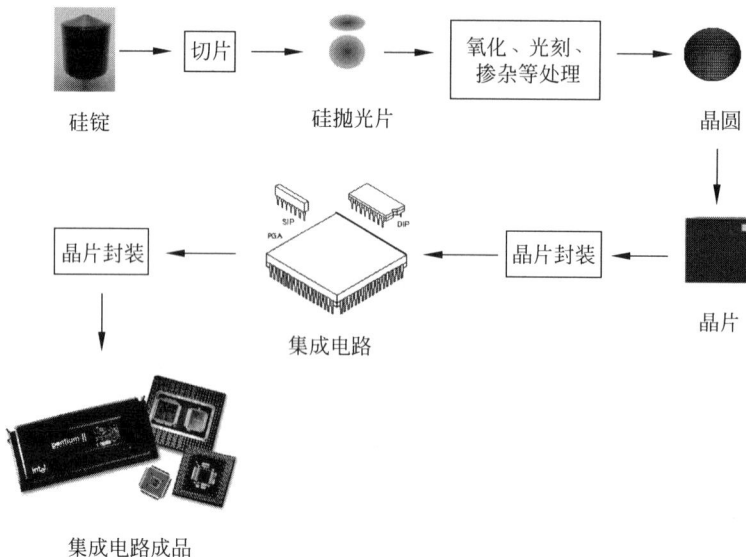

图 1-5   集成电路的制造过程

集成电路的技术发展很快。现在,世界上集成电路批量生产的主流技术已经达到 $8\sim12$in 晶圆、5nm(纳米,$1\text{nm}=10^{-9}$m)甚至 3nm 线宽的工艺水平,2nm/1nm 工艺已处于研发中,预计 2026 年后可实现量产。CPU 芯片所集成的晶体管数量已超过 1000 亿个,移动设备存储卡所用的每个芯片包含的晶体管数量已达万亿个,先进的 CMOS 集成技术已经可以实现数字电路、模拟电路、射频电路等的集成。不用几年,人们就有可能制造出线宽更小的新一代芯片。然而,当线宽进一步缩小、线路相互间的距离越来越窄以后,干扰将更趋严重。为了减少这种干扰,可以采取减小电流的方法来解决。但是,当晶体管的基本线条小到纳米级、线路的电流微弱到仅有几十个甚至几个电子流动时,晶体管已逼近其物理极限,它将无法正常工作。在纳米尺寸下,纳米结构会表现出一些新的量子现象和效应。人们正在研究如何利用这些量子效应研制具有新功能的量子器件,从而把芯片的研制推向量子世界的新阶段——纳米芯片技术。同时,人们还在研究将自然界传播速度最快的光作为信息的载体,发展光子学,研制集成光路,或把电子与光子并用,实现光电子集成。因此有理由相信,纳米芯片技术和许多其他新的微电子技术的发展,必将在电子学领域中引起一次新的革命,把信息技术推向一个更高的发展阶段。

项目 2

计算机组成原理

【项目导读】

计算机是 20 世纪最伟大的发明之一。自从 1946 年在美国宾夕法尼亚大学诞生第一台电子数字计算机 ENIAC 以来,计算机技术的发展可谓日新月异。尤其是微型计算机的问世,打破了计算机的神秘和计算机只能由少数专业人员使用的局面,使计算机及其应用渗透到社会的各个领域。计算机技术的飞速发展和广泛应用,使计算机应用成为人们必不可少的技能,计算机已经成为人们生活中最重要的工具,它承担着信息加工、存储、传递、感测、识别、控制和显示等任务。

目前计算机的应用已拓展到社会的各个领域,从科研、生产、教育、卫生到家庭生活,几乎无所不在。计算机促进了生产率的大幅度提高,将社会生产力的发展推高到前所未有的水平。随着计算机的功能的不断增强,其应用领域不断扩展,计算机系统也变得越来越复杂,但它们的基本组成和工作原理还是大体相同的。

计算机硬件是指计算机系统中所有实际物理装置的总和。从功能上讲,计算机硬件主要包括中央处理器(CPU)、内存储器、外存储器、输入设备和输出设备,它们通过总线相互连接。

如何购买、使用、维护好一台性价比高、稳定性好的属于自己的计算机,是每位计算机用户非常关心的问题。本章主要介绍计算机的硬件组成及其工作原理,了解计算机系统的配置及主要性能指标。

【职业素养】

(1) 理解并尊崇工匠精神,在学习中努力弘扬新时代工匠精神。

(2) 了解计算机硬件强大的生态体系,了解我国目前计算机硬件的发展状态。

(3) 了解计算机硬件行业的发展前景,能够选择和熟悉现代化办公工具。

【学习目标】

(1) 掌握计算机的组成与分类。

(2) 掌握 CPU 的结构与原理。

（3）掌握 PC 主机的组成。

（4）掌握常用的输入和输出设备。

任务 2.1　计算机的发展、分类与组成

2.1.1　计算机的发展与作用

1. 计算机的发展

世界上第一台电子数字计算机 ENIAC,于 1946 年诞生于美国宾夕法尼亚大学。ENIAC 长约 30m,宽约 1m,占地面积约 170m²,共有 30 个操作台,重约 30t,耗电量约 150kW·h,造价约 48 万美元。它包含了 17468 个电子管,7200 多个水晶二极管,70000 多个电阻器,10000 多个电容器,1500 多个继电器,6000 多个开关,每秒执行 5000 次加法或 400 次乘法,约是继电器计算机的 1000 倍、手工计算的 20 万倍。它的诞生是科学史上一次划时代的创新,奠定了电子计算机的基础。

70 多年来,在微电子技术的发展和社会应用需求的强力推动下,其发展速度之快,大大超出了人们的预料。从 20 世纪 80 年代开始,计算机的性能几乎每 3 年就提高 4 倍,成本却降低一半,其使用的集成电路的集成度更是遵循著名的摩尔定律。在计算机的发展过程中,人们习惯按照计算机主机所使用的元件将计算机的发展按"代"划分为 5 个阶段,如表 2-1 所示。

表 2-1　第一代至第五代计算机的对比

代别	年　　代	使用的元器件	使用的软件类型	主要应用
第一代	1946 年—20 世纪 50 年代末期	CPU:电子管 内存:磁鼓	使用机器语言和汇编语言编写程序	科学和工程计算
第二代	20 世纪 50 年代中后期—60 年代中期	CPU:晶体管 内存:磁芯	使用 FORTRAN 等高级程序设计语言	开始广泛应用于数据处理领域
第三代	20 世纪 60 年代中期—70 年代初期	CPU:SSI、MSI 内存:SSI、MSI 的半导体存储器	操作系统、数据库管理系统等开始使用	在科学计算、数据处理、工业控制等领域得到广泛应用
第四代	20 世纪 70 年代中期—80 年代末期	CPU:LSI、VLSI 内存:LSI、VLSI 的半导体存储器	软件开发工具和平台、分布式计算、网络软件等开始广泛使用	深入到各行各业,家庭和个人开始使用计算机
新一代	20 世纪 90 年代初期至今	CPU:VLSI、ULSI 内存:VLSI、ULSI 的半导体存储器	知识库管理、智能计算机系统、云计算时代等开始广泛使用	能处理声音、图像等,问题求解与推理,模拟人的智能活动

（1）第一代:电子管时代(1946 年—20 世纪 50 年代末期)。计算机的运算速度为每秒几千次至几万次,体积庞大,成本很高,可靠性较低。在此期间,形成了计算机的基本体系,主要用于科学和工程计算。

（2）第二代：晶体管时代(20 世纪 50 年代中后期—60 年代中期)。计算机的运算速度提高到每秒几万次至十几万次,可靠性提高,体积更小,成本更低。在此期间,开始广泛应用于数据处理领域,工业控制机开始得到应用。

（3）第三代：中小规模集成电路时代(20 世纪 60 年代中期—70 年代初期)。计算机的可靠性进一步提高,体积进一步缩小,成本进一步下降,运算速度提高到每秒几十万次至几百万次。在此期间,形成了计算机种类多样化、生产系列化、使用系统化的特点,小型计算机开始出现,同时采用多处理器并行结构的大型机、巨型机也得到快速发展。

（4）第四代：超大规模集成电路时代(20 世纪 70 年代中期—80 年代末期)。计算机的可靠性更进一步提高,体积更进一步缩小,成本更进一步降低,速度提高到每秒 1000 万次至 1 亿次。在此期间,由几片大规模集成电路组成的微型计算机开始出现,同时巨型向量机、阵列机等高级计算机得到发展,深入各行各业,家庭和个人普遍使用计算机。

（5）新一代计算机(20 世纪 90 年代初期至今)：运算速度提高到每秒 10 亿次至亿亿次,由一片极大规模集成电路实现的单片计算机开始出现。计算机正向巨型化、微型化、网络化、智能化和多媒体化方向发展。

说明：自 20 世纪 90 年代开始,学术界和工业界都不再沿用“第几代计算机”的说法。人们主要着力研究计算机的智能化,以知识处理为核心,可以模拟或部分代替人的智能活动,具有自然的人机通信能力。当然,这是一个需要长期努力才能实现的目标。

2．中国电子计算机的发展

1958 年,研制出第一台电子计算机。

1964 年,研制出第二代晶体管计算机。

1971 年,研制出第三代集成电路计算机。

1977 年,研制出第一台微型机 DJS050。

1983 年,研制出 1 万次/秒的“深腾 1800”计算机。

2003 年 12 月,自主研发出 10 万亿次/秒的“曙光 4000A”高性能计算机。

2010 年,研制出千万亿次/秒的“天河一号”计算机。

2013 年,研制出 3.39 亿亿次/秒的“天河二号”计算机。

2016 年,研制出 9.3 亿亿次/秒的“太湖之光”计算机。

2023 年,研制出百亿亿次/秒的“九章三号”光量子计算机。

3．计算机的主要特点

（1）高速、精确的运算能力。计算机具有高速运算和存储能力,能够在极短的时间内完成大量的计算任务。它能够处理复杂的数学运算、模拟实验、图像处理等任务,极大地提高了工作效率。

（2）准确的逻辑判断能力。在信息检索方面,能够根据要求进行匹配检索。

（3）强大的存储能力。计算机能够长期保存大量数字、文字、图像、视频、声音等信息,如能够“记住”一个大型图书馆的所有资料。

（4）自动功能。计算机能够自动执行预先编写好的一组指令(称为程序)。工作过程完全自动化,无须人工干预,而且可以反复进行。

（5）网络与通信功能。目前广泛应用的 Internet 连接了全世界 200 多个国家或地区的数亿台各种计算机。网上的计算机用户可以共享网上资料、交流信息。

4. 计算机的应用领域

计算机进入办公室、家庭，已渗透到社会的各行各业，正在改变着传统的工作、学习和生活方式，推动着社会的发展。计算机的主要应用可以归纳为如下几个方面。

（1）科学计算（数值计算）：利用计算机来完成科学研究和工程技术中提出的数学问题。计算机最开始是为了解决科学研究和工程设计中遇到的大量数学问题的数值计算而研制的计算工具。利用计算机的高速计算、高精度、大存储容量和连续运算的能力，可以解决人工无法解决的各种科学计算问题，如"嫦娥"奔月卫星轨迹的计算、宇航飞机的研究设计、天气预报等都离不开计算机的精确计算。

（2）数据处理和信息管理：利用计算机对各种数据进行收集、存储、整理、分类、统计、加工、利用、传播等一系列活动的统称。在科学研究和日常生活中，会得到大量的原始数据，其中包括文字、图片、声音和视频等。数据处理是指对数据进行收集、分类、计算和存储等。计算机的信息管理更为普遍，如人事管理、仓库管理、图书管理等。据统计，全世界计算机用于数据处理和信息管理的工作量占全部计算机应用的 80% 以上，显著地提高了工作效率和管理水平。

（3）计算机辅助功能：包括计算机辅助设计 CAD、计算机辅助制造 CAM、计算机集成制造 CIMS 和计算机辅助教学 CAI 等多方面，是近十几年来迅速发展的一个计算机应用领域。CAD 是指借助计算机的帮助，人们可以自动或半自动地完成工程和产品的设计；CAM 是指利用计算机系统进行生产设备的管理、控制和操作，能提高产品质量、降低成本、提高生产效率和改善劳动条件；CIMS 是指利用计算机使企业的设计、制造、管理等组成一个有机整体，形成高度的自动化系统，实现自动化生产线和无纸化办公；CAI 是指利用计算机来辅助完成教学过程或模拟某个实验，这样不仅减轻了教师的负担，而且激发了学生的学习兴趣。

（4）自动控制：也称实时控制，是指通过计算机对某一过程进行自动操作，不需要人工干预，能按预定的目标和预定的状态进行过程控制。

（5）人工智能：利用计算机模拟人的智能活动，代替人的部分脑力劳动。

（6）互联网应用：互联网是计算机技术与通信技术相结合的产物，其发展有着广阔前景。互联网改变了人与世界的联系，人们通过互联网可以浏览新闻、发布信息、检索信息、传送文件、游戏、购物等。

（7）多媒体：通过计算机对文字、数据、图形、图像、动画、声音等多种媒体信息进行综合处理和管理，使用户可以通过多种感官与计算机进行实时信息交互。多媒体技术在教育、电子图书、广告、电子娱乐、家庭、视频会议等方面得到了广泛应用。

计算机科学技术对于一个国家的经济、政治、科技、军事、国防等方面发展的催化作用和强化作用，都具有难以估量的意义。

虽然计算机和互联网正在迅速地、不可逆转地改变着世界。但是，先进信息技术给人们带来进步和机遇的同时，也会带来一些新的社会问题和引发某些潜在的危机，如个人隐私受到威胁，信息欺骗和互联网犯罪增加，知识产权保护更加困难，计算机系统崩溃将带来不可预测的后果,不良和有害的信息肆意传播和泛滥,长期沉迷于计算机游戏、网络聊天等给青少年生理和心理带来严重的危害,等等。这些对于人们来说都必须予以足够的关注和重视。

5. 电子计算机的发展方向

(1) 巨型化。巨型化是指计算速度更快、存储容量更大、功能更完善、可靠性更高、运算速度可达亿亿次/秒级、内存容量超过几百 TB。

(2) 微型化。微型计算机正在向便携机、掌上机发展。因其价格低廉、使用方便、软件丰富而受到用户的青睐。

(3) 网络化。网络化是指利用技术和计算机技术,把分布在不同地点的计算机互联起来,按照网络协议互相通信,以共享软件、硬件和数据资源。

(4) 智能化。智能化是指计算机能够模拟人的感觉和思维能力。智能计算机具有解决问题和逻辑推理的功能,以及处理知识和知识库管理的功能等。

6. 未来的计算机

(1) 模糊计算机:基于模糊理论,能够实现模糊的、不确切的判断进行工程处理的计算机。

(2) 生物计算机:以生物元件构建的计算机。

(3) 光子计算机:一种用光信号进行数字运算、信息存储和处理的计算机。

(4) 超导计算机:用超导材料替代半导体材料制造的计算机。超导计算机具有能耗小、运算速度快的特点。

(5) 量子计算机:基于量子动力学规律进行高速数学和逻辑运算、存储及处理量子信息的计算机。

2.1.2　计算机的分类

计算机发展到今天,可谓品种繁多、门类齐全、功能各异。从不同的角度对计算机进行分类有多种方法,主要有以下 4 种。

1. 按照计算机的性能和用途分类

1) 巨型计算机

巨型计算机也称为超级计算机,它采用大规模并行处理的体系结构,包含数以千/万计的 CPU。它具有极强的运算处理能力,运算速度达到每秒亿亿次浮点运算,大多使用在军事、科研、气象预报、石油勘探、模型设计、生物信息处理等领域。近些年,我国国防科技大学、曙光公司等先后研制成功运算速度达到每秒数亿亿次甚至百亿亿次的巨型计算机,在全球排行榜中居于前列,如图 2-1(a)所示。

2) 大型计算机

大型计算机是指运算速度快、存储容量大、通信联网功能完善、可靠性高、安全性好、有丰富的系统软件和应用软件的计算机,通常含有几十个甚至更多个 CPU。它可以同时运行多个操作系统,因而可以代替多台普通的服务器,一般为企业或政府承担主服务器(企业级服务器)的功能,在信息系统中起着核心作用。它可以同时为许多用户执行信息处理任务,即使同时有几百个甚至上千个用户递交处理请求,其响应的速度也能快得让用户感觉只是他一个人在使用计算机。如用于处理企事业订单数据、银行数据、航班信息等,如图 2-1(b)所示。

天河二号含有3.2万个CPU和4.8万个协处理器,内存总容量为1400TB,峰值计算速度达5.49亿亿次/秒,平均速度为3.39亿亿次/秒,获得2013年6月全球巨型机500强排名第1名

(a) 国防科技大学研制的天河二号巨型计算机　　　　(b) 大型计算机

图 2-1　巨型计算机和大型计算机

3) 小型计算机(服务器)

小型计算机原本只是一个逻辑上的概念,是指网络中专门为其他计算机提供资源和服务的那些计算机及相关软件,巨、大、中、小、微各种计算机理论上都可以作为服务器使用。由于服务器往往需要具有较强的计算能力、高速的网络通信和良好的多任务处理功能,因此计算机生产厂商专门开发了用作服务器的一类计算机产品。与普通的 PC 相比,服务器需要连续工作在 24×7 的环境中,对可靠性、稳定性和安全性等要求更高。

根据不同的计算机能力,服务器又分为工作组服务器、部门级服务器和企业级服务器。小型机的典型应用是帮助中小型企业(或大型企业的一个部门)完成信息处理任务,如教务系统成绩管理、库存管理、销售管理等。

4) 个人计算机

个人计算机(PC)俗称个人电脑,也称微型计算机,它是 20 世纪 80 年代初由于单片微型处理器的出现而开发成功的。个人计算机的特点是体积小、结构精简、功能丰富、使用方便,适合办公室或家庭使用。通常,个人计算机由一个用户专用,一般只处理一个用户的任务,并由此而得名。

个人计算机分为台式机和便携机(笔记本电脑)两大类。前者在办公室和家庭中使用;后者体积小、重量轻,便于外出携带,性能接近台式机,但价格稍贵。近些年开始流行更小更轻的超级便携式计算机,如平板电脑(如苹果公司的 iPad)、智能手机等,它们采用多点触摸屏进行操作,功能丰富,有通用性,能无线上网,可随身携带进行工作和娱乐,如图 2-2 所示。

5) 工作站

工作站是一种高档微型计算机,它比微型机有更大的存储容量和更快的运算速度,通常配有高分辨率的大屏幕显示器及容量很大的内部和外部存储器,并具有较强的信息处理功能和高性能的图形、图像处理功能和联网功能。

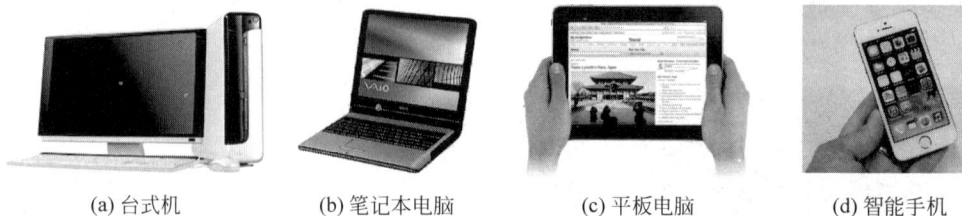

　　(a) 台式机　　　　　(b) 笔记本电脑　　　　(c) 平板电脑　　　　(d) 智能手机

图 2-2　个人计算机

6）服务器

服务器通常以各种应用的服务提供者角色出现。例如，服务器可以作为网络的节点，存储、处理网上 80％的数据、信息，因此也被称为网络的灵魂。

2. 按照其内部逻辑结构分类

计算机按照内部逻辑结构分为 16 位机、32 位机和 64 位机等。

一般来说，计算机在同一时间内处理的一组二进制数称为一个计算机的"字"，而这组二进制数的位数就是"字长"。字长与计算机的功能和用途有很大的关系，是计算机的一个重要技术指标。字长直接反映了一台计算机的计算精度，字长越大计算机处理数据的速度就越快。早期的微机字长一般是 8 位和 16 位，386 以及更高版本的处理器大多是 32 位，目前市面上的计算机的处理器大部分已达到 64 位。

3. 按照工作原理分类

计算机按照工作原理分为模拟计算机、数字计算机和混合计算机。

1）模拟计算机

模拟计算机又称"模拟式电子计算机"。它问世较早，采用模拟技术处理连续量，内部所使用的电信号模拟自然界的实际信号，因而称为模拟量信号。它以连续变化的电流或电压来表示被运算量。模拟电子计算机处理问题的精度差，所有的处理过程均需通过"模拟"电路来实现，电路结构复杂，抗电磁干扰能力极差。

2）数字计算机

数字计算机又称"数字式电子计算机"。它采用数字技术处理离散量，以数字形式的量值在机器内部进行运算和存储。数据的表示常采用二进制。它是当今世界电子计算机行业中的主流，其主要特点是"离散"，在相邻的两个符号之间不能有第三种符号存在。这种处理信号的差异使得它的组成结构和性能优于模拟计算机。数字计算机通常由运算器、控制器、存储器、输入和输出设备、系统总线等组成。

3）混合计算机

混合计算机全称"混合式电子计算机"，是可以进行数字信息和模拟物理量处理的计算机系统。混合计算机通过数模转换器和模数转换器将数字计算机和模拟计算机连接在一起，构成完整的混合计算机系统。混合计算机一般由数字计算机、模拟计算机和混合接口三部分组成。其中，模拟计算机部分承担快速计算的工作；数字计算机部分则承担高精度运算和数据处理。混合计算机同时具有数字计算机和模拟计算机的特点：运算速度快、计算精度高、逻辑和存储能力强、存储容量大和仿真能力强。

4．按照计算机用途分类

1）通用计算机

通用计算机也称一般用途电子计算机。通用计算机是指各行业、各种工作环境都能使用的计算机,学校、家庭、工厂、医院、公司等用户都能使用的就是通用计算机。平时人们购买的品牌机、兼容机都是通用计算机。通用计算机不但能办公,还能做图形设计、制作网页动画、上网查询资料等。

2）专用计算机

专用计算机也称特殊用途电子计算机,这是专为某种特殊目的而设计的电子计算机,其硬件及软件已被固化,只适用于特殊目的,如为导弹导航用的电子计算机、微波炉里控制温度的电子计算机等。

2.1.3　计算机的组成

1．冯·诺依曼体系结构计算机原理

1946 年,冯·诺依曼(Von Neumman)提出了被称为"冯·诺依曼体系结构"的三点重要思想。

(1) 计算机的程序和程序运行所需要的数据以二进制形式表示和存储。

(2) 程序和数据存放在存储器中,计算机执行程序时,无须人工干预,能自动、连续地执行程序,并得到预期的结果。

(3) 计算机由运算器、控制器、存储器、输入设备、输出设备五个基本部分组成。

2．计算机的逻辑组成

一个完整的计算机系统包括硬件和软件两部分。计算机硬件是指构成计算机的所有实际物理装置的总称,如处理器芯片、存储器芯片、各类扩展卡、键盘、鼠标、显示器、打印机等。计算机软件是指在计算机中运行的各种程序及其处理的数据和相关文档的集合。程序用来指挥计算机硬件一步步地进行规定的操作,数据则为程序处理的对象,文档是软件设计报告、操作使用说明等,它们都是软件不可缺少的组成部分。硬件是计算机系统的基础,软件是计算机系统的灵魂,两者相互依赖、相互支持、缺一不可。

从逻辑上(功能上)来讲,计算机硬件主要包括中央处理器(CPU)、内部存储器、外部存储器、输入设备和输出设备等,它们通过总线相互连接,如图 2-3 所示。CPU、内存储器等构成了计算机的主机,外存储器、输入设备和输出设备等通常称为计算机的外部设备,简称外设。

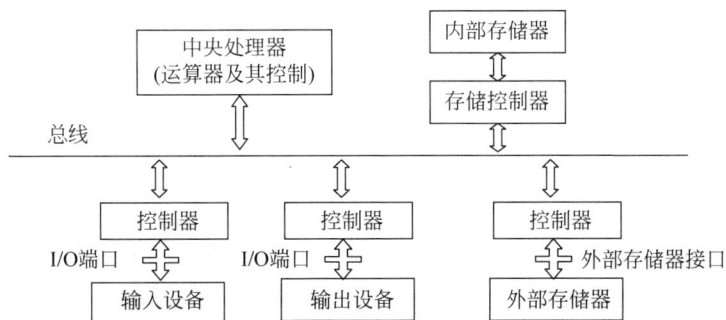

图 2-3　计算机硬件的逻辑组成

1）中央处理器

负责对输入的信息进行各种处理（如计算、分类、检索等）的部件称为处理器。处理器的结构很复杂，能高速执行指令完成二进制的算术运算、逻辑运算和数据传送等操作。超大规模集成电路的出现，使得处理器的所有组成部分都可以制作在一块面积仅几平方厘米的半导体芯片上，因为体积小，这样的处理器称为微处理器。

一台计算机中往往有多个处理器，它们各有其不同的任务，有的用于绘图，有的用于通信。其中承担系统软件和应用软件运行任务的处理器称为 CPU，它是任何一台计算机必不可少的核心组成部件。

为提高处理速度，计算机可以包含 2 个、4 个、8 个甚至成千上万个 CPU。使用多个 CPU 实现超高速计算的技术称为并行处理技术。近年来，PC 也普遍采用集成有 2 个、4 个甚至更多 CPU 在同一芯片内的所谓多核 CPU，使 PC 性能得到了进一步提高。

2）内部存储器和外部存储器

存储器是计算机的记忆部件，用于存放计算机进行信息处理所必需的原始数据、中间结果、最后结果以及指示计算机工作的程序。

存储器分为内部存储器（简称内存或主存）和外部存储器（简称外存或辅存）两大类。

（1）内部存储器存取速度快而容量相对较小（成本较高）。内存与 CPU 直接相连，用于存放已经运行的程序和需要立即处理的数据。CPU 工作时，它所执行的指令集处理的数据都是从内存中取出的，产生的结果一般也存放在内存中。

（2）外部存储器能长期存放计算机系统中的所有的信息。外存存取速度较慢而容量相对很大，但它不能与 CPU 直接相连，计算机执行程序时，外存中的程序及相关数据必须先传送到内存，然后才能被 CPU 存取和使用。

3）输入设备

输入是把信息送入计算机的过程，输入可以由人、外部环境或其他计算机来完成。用来向计算机输入信息的设备统称为输入设备。输入设备是外界向计算机传送信息的装置，常见的输入设备有鼠标、键盘、扫描仪、话筒、阅读器等。不论信息的原始形态如何，输入计算机中的信息都使用二进制位来表示。

4）输出设备

输出是指把信息送出计算机，负责完成把信息输出的设备称为输出设备。输出设备是将计算机处理的结果传送到外部媒介，并将其转化成人们所需要的表示形式。计算机的输出可以是文本、语音、音乐、图像、动画、视频等多种方式。例如，在 PC 中，显示器、打印机、绘图仪等都是输出文字和图形的设备，音响是输出语音和音乐的设备。

输入设备和输出设备通称 I/O（input/output）设备，这些设备是计算机与外界（人、环境或其他设备）联系和沟通的桥梁，用户或外部环境通过 I/O 设备与计算机系统相互通信。

5）总线

总线是用于在 CPU、内存、外存和各种输入/输出设备之间传输信息并协调它们工作的一组部件（含传输线路和控制电路）。人们还习惯把用于连接 CPU 和内存的总线称为 CPU 总线（或前端总线），把连接内存和 I/O 设备（包括外存）的总线称为 I/O 总线。为了能方便地更换与扩充 I/O 设备,计算机系统中的 I/O 设备一般都通过 I/O 接口与各自的控制器连接,然后由控制器与 I/O 总线相连。

将计算机的各个功能部件连接起来,进行信息传输的公共通道叫总线。根据计算机传输的信息种类,计算机的总线可以分为数据总线、地址总线和控制总线,分别用来传输数据、数据地址和控制信号,详见表 2-2。

表 2-2 总线分类

总线类别	定 义	传输内容	特 点
数据总线	一组用来在存储器、运算器、控制器和 I/O 部件之间传输数据信号的公共通道	数据信号	双向总线
地址总线	一组 CPU 向主存储器和 I/O 接口传送地址信息的公共通道	地址信号	单向总线
控制总线	一组用来在存储器、运算器、控制器和 I/O 部件之间传输控制信号的公共通道	控制信号	双向总线

主板就是总线在硬件上的体现。主机的各个部件通过总线相连接,外部设备通过相应的接口电路再与总线相连接,从而形成了计算机硬件系统。

3. PC 主机的组成

用户看到的台式 PC,通常由机箱、显示器、鼠标、键盘、音响和打印机等组成。机箱内有主板、硬盘、光驱、电源、风扇等,其中主板上安装了 CPU、内存、总线、I/O 控制器等部件,它们属于主机部分(这里的"主机"是生活中俗称)。下面对 CPU、内存之外的主机其他部分做简单介绍。

1)主板

主板又称母板,在主板上通常安装有 CPU 插座、芯片组、内存插槽、扩充卡插槽、显卡插槽、BIOS、CMOS 和若干用于连接外围设备的 I/O 接口等,如图 2-4 所示。

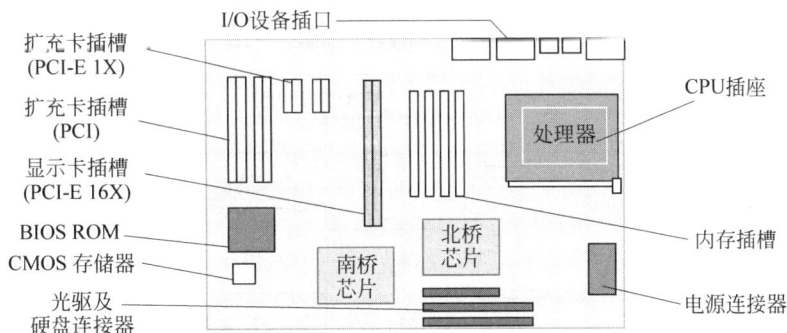

图 2-4 台式 PC 主板示意图

CPU 芯片和内存条分别通过主板上的 CPU 插座和内存插槽安装在主板上,PC 常用的外围设备通过扩展卡(如声卡、显示卡等)或 I/O 接口与主板相连,扩展卡借助卡上的插头插在主板上的 PCI 总线插槽中。随着集成电路的发展和计算机设计技术的进步,许多扩展卡的功能可以部分或全部集成在主板上(如串行口、并行口、声卡、网卡等控制电路)。主板实物如图 2-5 所示。

图 2-5　主板实物图

为了便于不同 PC 主板的互换,主板的物理尺寸已经标准化。现在使用的主要是 ATX 和 BTX 规格的主板。

2)芯片组

芯片组是 PC 各组成部分相互连接和通信的枢纽,它是主板的灵魂,存储控制器、I/O 控制器的功能几乎都集成在芯片组内,它既实现了 PC 总线的功能,又提供了各种 I/O 接口及相关的控制。没有芯片组,CPU 就无法与内存、扩充卡、外设等交换信息。

芯片组一般由两块超大规模集成电路组成:北桥芯片和南桥芯片。北桥芯片是存储控制中心(memory controller hub,MCH),用于高速连接 CPU、内存条、显卡,并与南桥芯片互连;南桥芯片是 I/O 控制中心(I/O controller hub,ICH),主要与 PCI 插槽、USB 接口、硬盘接口、音频编解码器、BIOS 和 CMOS 存储器等连接,并借助 Super I/O 芯片提供对键盘、鼠标、串行口和并行口的控制。CPU 的时钟信号也由芯片组提供。图 2-6 所示是芯片组与主板上各个部件互连的示意图。

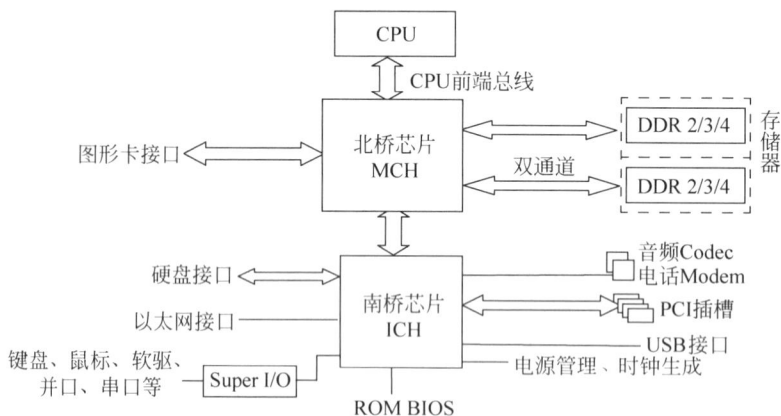

图 2-6　芯片组与主板上其他部件的连接

需要特别注意的是,CPU 与主板是要兼容的,有什么样功能和速度的 CPU,就需要使用什么样的芯片组(特别是北桥芯片)。芯片组还决定了主板上所能安装的内存最大容量、速度及可使用的内存条的类型。此外,显卡、硬盘等设备性能的提高,芯片组中的控制接口电路也要相应地变化。所以芯片组是与 CPU 芯片及外设同步发展的。

3) BIOS

除北桥芯片、南桥芯片外,主板上还有两块特别有用的集成电路芯片:一块是只读存储器,其中存放的是基本输入/输出系统(BIOS);另一块是 CMOS 存储器。

BIOS(基本输入/输出系统)是 PC 软件中最基础的部分,没有它计算机就无法启动。它是一组固化在计算机内主板 ROM 芯片上的机器语言程序。由于存放在 ROM 中,即使计算机关机,它的内容也不会改变。每次计算机加电时,CPU 总是首先执行 BIOS 程序,它具有诊断计算机故障及加载操作系统并启动它的功能。

BIOS 主要包括 4 个部分的程序:加电自检程序、系统盘主引导记录加载程序(简称引导加载程序)、CMOS 设置程序和基本外部设备的驱动程序。

4) CMOS

CMOS 由主板上的电池供电,即使计算机关机它也不会丢失所存储的信息。CMOS 中存放着与计算机系统相关的一些参数(称为配置信息),包括当前的系统日期和时间、开机密码、已安装的光驱和硬盘的个数及类型等。用户在系统自举之前,一般按 Delete 键(或 F2、F12 键,各种 BIOS 规定不同)就可以进入 CMOS 设置状态。

5) I/O 操作与 I/O 总线

(1) I/O 操作。输入/输出(I/O)设备是计算机系统的重要组成部分,没有 I/O 设备计算机就无法与外界(包括人、其他的计算机及设备)交换信息。

I/O 操作的任务是将输入设备输入的信息送入内存的指定区域,或者将内存指定区域的内容送出到输出设备。通常,每个(类)I/O 设备都有各自专用的控制器(I/O 控制器),它们的任务是接收 CPU 启动 I/O 操作命令后,独立地控制 I/O 设备的操作,直到 I/O 操作完成。

(2) I/O 总线。I/O 设备控制器与 CPU、存储器之间相互交换信息、传输数据的一组公用信号线称为 I/O 总线,它与主板上扩展插槽中的各扩展板卡(I/O 控制器)直接相连。I/O 设备的工作速度比 CPU 慢得多,为了提高系统的效率,I/O 操作与 CPU 的数据处理操作往往是并行进行的。

总线上有三类信号:数据信号、地址信号和控制信号,传输这些信号的线路分别是数据总线、地址总线和控制总线,协调与管理总线操作的是总线控制器(在 CPU 或芯片组内)。

总线最重要的性能指标是它的数据传输速率,也称总线的带宽,即单位时间内总线上可传输的最大数据量,总线带宽的计算公式如下。

$$总线带宽(MB/s) = (数据线宽度/8) \times 总线工作频率(MHz)$$
$$\times 每个周期的数据传输次数$$

从 20 世纪 90 年代开始,PC 一直采用一种称为 PCI 的 I/O 总线,它的工作频率是 33MHz,数据线的宽度是 32 位(64 位),传输速率是 133MB/s(266MB/s),可以用于连接中等速度的外部设备,目前其性能已经跟不上实际使用需求。

　　PCI-Express(PCI-E)是 PC 的 I/O 总线的一种新标准,如图 2-7 所示,它采用了高速点对点串行连接。PCI-E 包括 1X、4X、8X 和 16X 等多种规格,分别包含 1 个、4 个、8 个和 16 个传输通道,每个通道的数据传输速率为 250MB/s。例如,PCI-E 1X(250MB/s)已经可以满足主流的声卡、网卡和多数外存储器对数据传输带宽的要求,而 PCI-E 16X 可提供 4GB/s 的带宽,可更好地满足独立显卡对数据传输速率的要求。因此,PCI-E 16X 接口的显卡已经完全取代了曾经流行的 AGP 接口的显卡。

　　除了数据传输速度快的优点外,由于 PCI-E 是串行接口,其插座的针脚数目也大为减少,这样就降低了 PCI-E 设备的体积和生产成本,如图 2-7 所示。此外,PCI-E 也支持高级电源管理和热插拔。

　　6) I/O 设备接口

　　I/O 设备与主机一般需要通过连接器实现互联,计算机中用于连接 I/O 设备的各种插头/插座以及相应的通信规程及电器特性称为 I/O 设备接口,简称 I/O 接口。

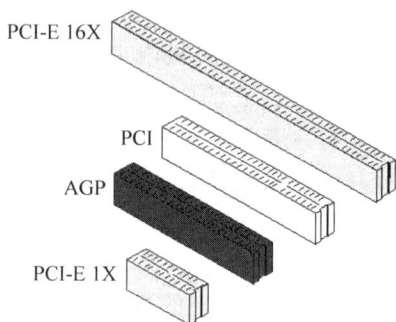

图 2-7　AGP、PCI 与 PCI-E 插座的比较

　　(1) I/O 接口的分类

　　PC 可以连接许多不同种类的 I/O 设备,所使用的 I/O 接口也有多种类型。按数据传输方式来分,可分为串行(一次只传输 1 位)和并行(多位一起进行传输)两种;按是否能连接多个设备来分,可分为总线式(可连接多个设备)和独占式(只能连接 1 个设备)两种;按是否符合标准来分,可分为标准接口(通用接口)和专用接口两种;按数据传输速率来分,可分为低速接口和高速接口。表 2-3 所示是当前 PC 常用的 I/O 接口及其性能的对比。

表 2-3　PC 常用的 I/O 接口及其性能的对比

名　称	传输方式	数据传输速率	插头/插座形式	连接设备数目	连接的设备
PS/2 接口	串行,双向	低速	圆形 6 针	1	鼠标器、键盘
USB 2.0	串行,双向	60MB/s(高速)	矩形 4 线	最多 127	几乎所有外围设备
USB 3.0	串行,双向	400MB/s(超高速)	矩形 8 线	最多 127	几乎所有外围设备
IEEE 1394	串行,双向	12.5MB/s、25MB/s、50MB/s、100MB/s	矩形 6 线	最多 63	数字视频设备、光驱、硬盘
ATA	并行,双向	66MB/s、100MB/s、133MB/s	(E-IDE)40/80 线	1~4	硬盘、光驱、软驱
SATA(串行 ATA)	串行,双向	150MB/s、300MB/s、600MB/s	7 针插头/插座	1	硬盘、光盘

名 称	传输方式	数据传输速率	插头/插座形式	连接设备数目	连接的设备
eSATA	串行,双向	300MB/s	连接线最长 2m	1	外置的 SATA 接口,连接移动硬盘
显示器接口 VGA	并行,单向	200MB/s～500MB/s	HDB15	1	显示器
高清晰度多媒体接口 HDMI	并行,单向	10.2Gb/s	19 针插座	1	显示器、电视机

(2) 常用的 I/O 接口标准

① IDE 接口和 SATA 接口如图 2-8 所示 IDE 接口主要用于连接硬盘、光驱和软驱,采用并行双向传送方式,体积小,数据传输快。SATA 接口采用串行方式传输数据,是一种不同于并行 IDE 的新型硬盘接口类型。SATA 接口的数据传输速率比 IDE 接口要快得多,目前市场上大多数的硬盘都采用 SATA 接口。

② PS/2 接口如图 2-9 所示。PS/2 接口的功能比较单一,仅能用于连接键盘和鼠标。一般情况下,鼠标的接口为绿色,键盘的接口为紫色。PS/2 接口的传输速率比 COM 接口稍快一些。

图 2-8 IDE 接口和 SATA 接口

图 2-9 COM 接口和 PS/2 口

③ USB 接口。USB(universal serial bus,通用串行总线)是一种可以连接多个设备的总线式串行接口,是由 Compaq、IBM、Intel、Microsoft 等公司共同研制开发的,现在已经在 PC、数码相机、MP3 播放器、手机等设备中普遍使用。

最早的 USB 1.0 是在 1996 年出现的,传输速率只有 1.5Mb/s,两年后升级为 USB 1.1,传输速率提升到 12Mb/s,它们用于连接中低速设备,现在已很少使用;USB 2.0 传输速率达到了 480Mb/s(60MB/s),可支持数字摄像设备、扫描仪、打印机及移动存储器等高速设备;现在广泛使用的性能更好的 USB 3.0 有效传输速率可达 3.2Gb/s(400MB/s),正在被越来越多的设备应用,如图 2-10 所示为 USB 2.0 和 USB 3.0 接口。

图 2-10 USB 2.0 和 USB 3.0 接口

USB 2.0 接口使用 4 线连接器,USB 3.0 接口使用 8 线连接器。它们的插头都比较小,符合即插即用规范,支持热插拔,即使在计算机运行时(不需要关机)也可以插拔设备。从理论上讲,借助 USB 集线器,一个 USB 接口可连接 127 个设备。带有 USB 接口的I/O 设备可以有自己的电源,也可通过计算机主机提供电源(+5V)。

近几年来,越来越多的智能手机和平板电脑采用 USB 2.0 OTG(on-the-go)接口,这种接口扩展了传统的 USB 2.0 的功能,使得智能手机和平板电脑具有双重身份:它们既可以为从设备(外围设备)连接到 PC(主控设备)使用,由 PC 对其进行控制、访问、数据传输和充电,又可以让智能手机和平板电脑本身作为主控设备,去连接 U 盘、打印机等从设备,以达到扩充外存容量、方便输入/输出甚至向后者供电的目的。注意,USB 2.0 OTG接口使用的微型连接器中,增加了 1 个用于识别是主控设备还是从设备的引脚(ID)。当使用普通的 USB 连接线进行连接时,它是从设备;若使用专门的 OTG 连接线,它就成为主控设备了。

苹果公司的 iPhone、iPad 使用的 Lightning 接口有 8 个引脚,连接线插头正反均可插入使用,它与 USB 接口并不兼容,但通过专门的转换器也能作为 USB 2.0 OTG 接口使用。

④ IEEE 1394 接口,如图 2-11 所示。IEEE 1394(简称 1394,又称 i.Link 或 FireWire)是一种高效的串行接口标准,中文译为"火线接口",主要用于连接需要高速传输大量数据的音频和视频设备,其数据传输速率为 50MB/s～100MB/s。同 USB 接口一样,IEEE 1394 接口也支持即插即用和热插拔,也可为外设提供电源。

图 2-11   IEEE 1394 接口

最后需要说明的是,有些设备(如鼠标、扫描仪、打印机等)可以连接在主机的不同接口上,这取决于该设备本身使用的是什么接口。现在越来越多的设备改用 USB 接口了。

任务 2.2   CPU 的结构与原理

2.2.1   CPU 的作用与组成

迄今为止,人们所使用的计算机大多是按照冯·诺依曼提出的"存储程序控制"的原理进行工作的。即一个问题的解算步骤(程序)连同它所处理的数据都使用二进制表示,并预先存放在存储器中。程序运行时,CPU 从内存中一条一条地取出指令和相应的数据,按指令操作码的规定,对数据进行处理,直到程序执行完毕,如图 2-12 所示。

CPU 的具体任务是执行指令,按照指令的要求完成对数据的运算和处理。CPU 的结构如图 2-13 所示,原理上它主要由以下三部分组成。

1. 控制器

控制器是 CPU 的指挥中心。它有一个指令计数器,用来存放 CPU 正在执行的指令的地址,CPU 按照该地址从内存中读取所要执行的指令。通常情况下,指令是顺序执行的,所以 CPU 每执行一条指令后它就加 1(因而也称为指令计数器)。控制器中还有一个

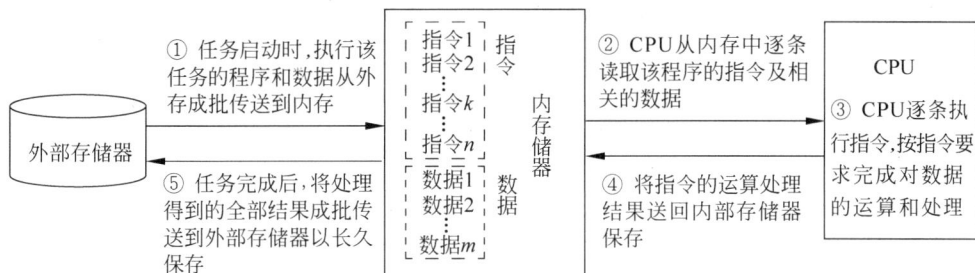

图 2-12 程序在计算机中的执行过程

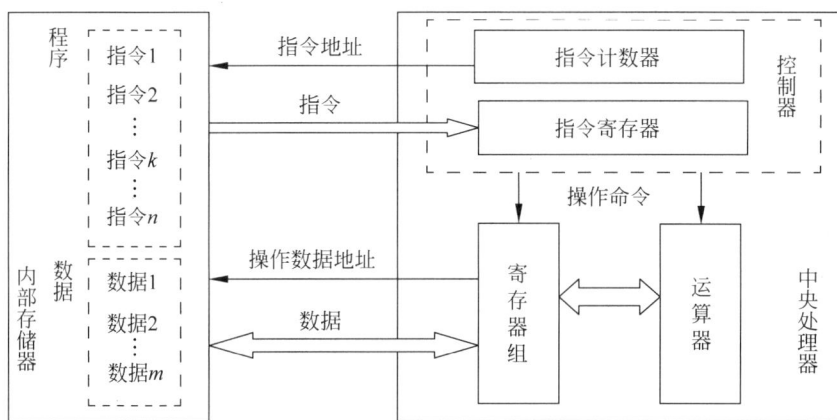

图 2-13 CPU 的组成及与内存的关系

指令寄存器,它用来保存当前正在执行的指令,通过译码器解释该指令的含义,控制运算器的操作,记录 CPU 的内部状态等。

2. 运算器

运算器用来对二进制数据进行加、减、乘、除或者与、或、非等各种基本的算术运算和逻辑运算,所以也称为算术逻辑单元(ALU)。

说明:为加快运算速度,运算器中的 ALU 可能有多个,有的负责完成整数运算,有的负责完成浮点数运算,有的还能进行一些特殊的运算。

3. 寄存器组

寄存器组由十几个甚至几十个寄存器组成。寄存器的速度很快,它们用来临时存放参加运算的数据和运算得到的中间(或最后)结果。需要运算器处理的数据总是预先从内存传送到寄存器,运算的最终结果从寄存器传送到内存。

2.2.2 指令与指令系统

1. 指令

在计算机内部,计算机完成某个任务必须执行相应的程序,而程序是由一连串的指令组成的,指令是构成程序的基本单位。指令采用二进制表示,由操作码和地址码两部分组成。

（1）操作码是指计算机执行何种操作。例如，算术运算、逻辑运算、存取数据等，每一种操作均有各自的二进制代码，称为"操作码"。

（2）操作数地址用于指出该指令所处理的数据或者数据所在的位置。操作数地址可以为 1 个、2 个甚至多个，这需要由操作码决定。

2. 指令执行的过程

计算机完成工作任务，总是通过 CPU 一条一条地执行指令来完成的。CPU 执行每一条指令分成如下 4 个步骤。

（1）取指令。CPU 的控制器从存储器读取一条指令并放入指令寄存器。

（2）指令译码。指令寄存器中的指令经过译码，决定该指令应进行何种操作、操作数放在哪里。

（3）执行指令。根据操作数的位置取出操作数，运算器按照操作码的要求完成相应的数据处理，并将最终结果保存至内存单元。

（4）修改指令计数器，决定下一条指令的地址。

3. 指令系统及其兼容性

（1）指令系统。每种 CPU 都有它自己独特的一组指令。CPU 所能执行的全部指令称为该 CPU 的指令系统。通常，指令系统中有数以百计的不同的指令，这些指令按其功能可以分成以下 6 类：算术运算类、逻辑运算类、数据传送类、程序控制类、输入/输出类、其他类。

（2）指令系统的兼容性。由于每种类型的 CPU 都有自己的指令系统，因此，某一类计算机的可执行程序代码未必能在其他计算机上运行，这个问题称为计算机的兼容性问题。

同一公司同一系列的 CPU 为解决软件兼容性问题，采用向下兼容的方式开发新的处理器，即所有新处理器均保留老处理器的全部指令，同时还扩充功能更强的新指令。

不同公司生产的 CPU 指令系统未必相互兼容。目前生产 CPU 的公司主要有 Intel 和 AMD，虽然公司不同，但是两者在很多产品上使用的指令系统是一致的，其指令系统相互兼容。而平板电脑、智能手机使用的则是 ARM 公司设计的微处理器，它们的指令系统有很大差别，再加上操作系统不同，它们与 PC 就不兼容，即 PC 上的程序代码不能在平板电脑、智能手机上运行；反之亦然。

2.2.3 CPU 的性能指标

计算机的性能在很大程度上是由 CPU 决定的。CPU 的性能主要表现在程序执行速度的快慢，CPU 的主要性能指标有以下几个。

1. 字长（位数）

字长是指 CPU 中整数寄存器和定点运算器的宽度（即二进制整数运算的位数）。如果一个 CPU 的字长为 32 位，它每执行一条指令就可以处理 32 位二进制数据，如果要处理更多位数的数据，就需要执行多条指令。显然，字长越大，CPU 的功能就越强，工作速度就越快。多年来个人计算机使用的 CPU 大多是 32 位处理器，Core 2 和 Core i3/i5/i7 及其以后的产品则是 64 位的。

2. 主频(CPU 的时钟频率)

主频即 CPU 中电子线路的工作频率,单位是 MHz,它决定着 CPU 内部数据传输与操作速度的快慢。一般而言,主频越高,执行一条指令需要的时间就越少,CPU 的处理速度就越快。目前大多数 CPU 的主频为 1GHz~4GHz。

3. CPU 总线宽度

CPU 总线的工作频率和数据线宽度决定着 CPU 与内存之间传输数据的快慢,数据线越宽,一次性传输的信息量就越大,CPU 访问内存的时间就越短。

4. 高速缓存(Cache)的容量

程序运行过程中,高速缓存有利于减少 CPU 访问内存的次数。通常,Cache 容量越大,CPU 的性能越好,计算机的速度越快。

5. 指令系统

CPU 依靠指令来计算和控制系统。指令的类型和数目、指令的功能等都会影响程序执行的速度。

6. 内核个数

为提高 CPU 芯片的性能,现在 CPU 芯片往往包含 4 个、8 个甚至多个内核,每个内核都是一个独立的 CPU。在操作系统的支持下,多个内核并行工作,内核个数越多,CPU 芯片的整体性能越高。

7. 逻辑结构

CPU 包含的定点运算器和浮点运算器的数目、是否有数字信号处理功能、有无指令预测和数据预测能力、流水线结构和级数等都对指令执行的速度有影响,甚至对某些特定的应用有很大的影响。

任务 2.3 内部存储器

2.3.1 计算机存储器的层次结构

1. 概述

计算机中的存储器分为内存和外存两大类。内存的存取速度快而容量相对比较小,它与 CPU 高速连接,用来存放已经启动运行的程序和正在处理的数据。外存的存取速度较慢而容量相对很大,它不能与 CPU 直接连接,用于持久地存放计算机中的数据,其数据需经过内存传送给 CPU。

在日常生活中,存取速度较快的存储器成本较高,速度较慢的存储器成本较低。为使存储器的性能/价格比得到优化,计算机中各存储器往往采用一个层次的塔状结构(见图 2-14),它们相互取长补短,协调工作。

2. 分类

内存储器由称为存储器芯片的半导体集成电路组成,按照关机时信息是否丢失,可以

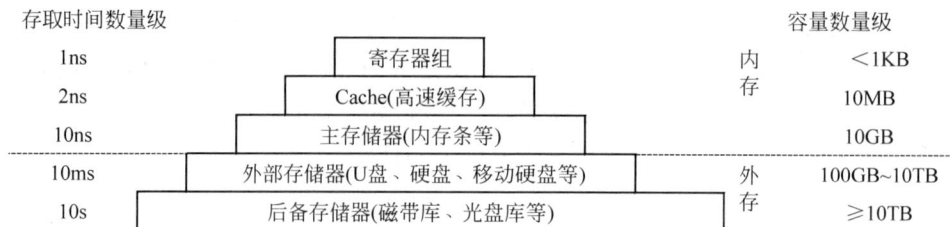

图 2-14　存储器的层次结构

分为随机存取存储器(RAM)和只读存储器(ROM)两大类。

1) 随机存取存储器

RAM 目前多数采用 MOS 型半导体集成电路芯片制成,根据其保存数据的机制又分为 DRAM 和 SRAM 两种。

(1) DRAM(动态随机存取存储器)。芯片的电路简单,集成度高,功耗小,成本较低,适合使用于内存储器的主体部分。但是它的速度较慢,比 CPU 慢得多,因此出现了许多不同的 DRAM 结构,以改善其性能。

(2) SRAM(静态随机存取存储器)。与 DRAM 相比,它的电路较复杂,集成度低,功耗大,制造成本高,价格贵,但工作速度很快,与 CPU 速度相差不多,适合用作高速缓冲存储器 Cache,目前大多已经与 CPU 集成在同一芯片中。

2) 只读存储器

无论是 DRAM 还是 SRAM,关机或断电时,其中的信息都将随之丢失。ROM 是一种能够永久性或半永久性地保存数据的存储器,即使掉电(或关机),存放在 ROM 中的数据也不会丢失,所以也叫非易失性存储器。目前使用最多的是 Flash ROM(闪速存储器,简称闪存),它主要用于存储 BIOS 程序,也用在 U 盘、存储卡和固态硬盘中。

2.3.2　主存储器

一般所说的内存是指内部存储系统,即寄存器组、Cache 和主存储器的合称。在这 3 种部件中,主存储器的容量最大,是主要内存储器,简称主存。通常所说的主存是指内存条,多数情况下,内存也指内存条,需要根据实际使用场合理解其含义。

主存是 CPU 可直接访问的存储器,它包含大量的存储单元,每个存储单元为 1 字节(8 个二进制位),即以字节为基本单位存储数据,每个存储单元都有一个地址,CPU 按地址对存储器进行访问。其主要性能指标有以下两个。

(1) 存储容量:主存储器中所包含的存储单元的总数(单位为 MB 或 GB)。

(2) 存取时间:从 CPU 给出存储器地址开始到存储器读出数据并送到 CPU 所需要的时间。主存储器存取时间的单位是 ns($1ns = 10^{-9}s$)。

由于 CPU 的速度很高,而且越来越高,而 DRAM 芯片所组成的主存储器的速度比 CPU 要慢一个数量级。从主存储器取数或存数时,CPU 必须停下来等待,这显然难以发挥 CPU 的高速特性。解决这个矛盾通常从两个方面着手。

(1) 采用 Cache 存储器。它是将 SRAM 存储器电路直接制作在 CPU 芯片内的一种小容量高速存储器,其存取速度几乎与 CPU 一样快。计算机在执行程序时,CPU 预先将数据和指令成批存入 Cache,当 CPU 需要从内存读取数据或指令时,先检查 Cache 中有没有,若有就直接从 Cache 中读取,而不需要访问主存,这就大大提高了 CPU 的效率。

(2) 改进存储器芯片的电路和工艺,并对 DRAM 的存储控制技术进行改进,开发出 DRAM 的新品种,如 DDR 等。

主存储器在物理结构上一般由 1~4 个内存条组成,内存条是把若干片 DRAM 芯片焊在一条印制的电路板上做成的部件,如图 2-15 所示。

内存条必须插在主板上的内存条插槽中才能使用,主板中一般都配备 2 个或 4 个 DIMM 插槽,如图 2-16 所示。目前流行的 DDR 3、DDR 4 内存条采用双列直插式,其触点分布在内存条的两面。

图 2-15　内存条　　　　　　图 2-16　DIMM 内存插槽

任务 2.4　外部存储器

计算机传统的外部存储器有软盘、硬盘、磁带等。随着计算机技术的发展和各种光盘、U 盘和存储卡的普及和应用,人们对大容量信息存储有了更多的选择。在日常生活中,常用的有硬盘、移动硬盘、U 盘、存储卡、光盘等。

2.4.1　硬盘存储器

几十年来,硬盘存储器一直是计算机最重要的外存储器。由于微电子、材料、机械等领域的先进技术不断地应用到新型硬盘中,硬盘的容量不断增大,性能不断提高。下面介绍硬盘的组成、原理、与主机的接口和主要性能指标等。

1. 硬盘的结构与原理

硬盘存储器由磁盘盘片、主轴、主轴电动机、移动臂、磁头和控制电路组成,它们全部封装在盒状装置内,这就是通常所说的硬盘,如图 2-17 所示。

图 2-17　硬盘的盘片与硬盘的组成

硬盘的盘片由铝合金或玻璃材料制成,盘片的上、下两面都涂有一层很薄的磁性材料,通过磁性材料粒子的磁化来记录数据。磁性材料粒子有两种不同的磁化方向,分别用来表示记录的是 0 还是 1。盘片表面由外向里分成许多同心圆,每个圆称为一个磁道(见图 2-18),盘片上一般有几千个磁道,每个磁道还要分成几千个扇区,每个扇区的容量一般为 512 字节。盘片的两面各有一个磁头,两面都可记录数据。

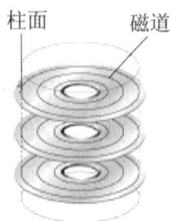

图 2-18　柱面和磁道

通常,一块硬盘有 1～5 张盘片,所有盘片上相同半径的一组磁道称为"柱面",如图 2-18 所示。所以硬盘上的数据需要使用 3 个参数来定位:柱面号、扇区号和磁头号。

硬盘中的所有盘片都固定在主轴上,主轴底部有一个电动机,当硬盘工作时,电动机带动主轴,主轴带动盘片高速旋转;磁头负责在盘片上写入或读出数据;移动臂用来固定磁头,并带动磁头沿着盘片径向高速移动,以便定位到指定的磁道。这就是硬盘的基本工作原理。

另外,硬盘与主机的接口是主机与硬盘之间信息传输的通道。多年来 PC 大多采用 IDE(也称并行 ATA 接口)作为硬盘接口,传输速率有 100Mb/s 和 133Mb/s 两种。后来流行的是一种串行 ATA 接口(简称 SATA),它采用高速串行的方式传输数据,其传输速率达 150MB/s、300MB/s 和 600MB/s。

2．硬盘的性能指标

衡量硬盘存储器性能的主要技术指标有以下几个。

(1)容量。硬盘一般有 1～5 张盘片,其存储容量为所有单只盘片的容量之和。作为 PC 的外部存储器,硬盘的容量自然越大越好,目前 PC 单只盘片的容量大多在 100GB 以上。

(2)平均存取时间。它由硬盘的旋转速度、磁头的寻道时间和数据的传输速率所决定。硬盘旋转的速度越高,磁头移动到数据所在磁道越快,对于缩短数据存取时间越有利。目前 PC 硬盘大多数为每分钟 7200 转或 5400 转,硬盘的平均存取时间为几毫秒至几十毫秒。

(3)缓存容量。高速缓冲存储器能有效地改善硬盘的数据传输性能,理论上讲 Cache 容量是越大越好。目前硬盘的缓存的容量大多已达到 512MB 以上。

(4)数据传输速率。它分为外部数据传输速率和内部数据传输速率。外部数据传输速率指主机从(向)硬盘缓存读出(写入)数据的速率,现在 SATA 接口一般为 150MB/s～600MB/s。内部传输速率指在盘片上读写数据的速率,通常远小于外部传输速率。一般而言,当单只盘片的容量相同时,转速越高内部传输速率越快。

3．使用硬盘的注意事项

正确使用和维护硬盘非常重要,否则会缩短硬盘的使用寿命、丢失数据甚至损坏硬盘,给工作带来不可挽回的损失,硬盘使用应注意以下问题。

(1)正在对硬盘读写时不能关掉电源。

(2)保持使用环境的清洁卫生,注意防尘;控制环境温度,防止高温、潮湿和磁场的影响。

(3)防止硬盘受震动,工作时不要移动机器。

(4)及时对硬盘内容进行整理,包括目录的整理、文件的清理、磁盘碎片的整理等。

（5）防止计算机病毒对硬盘中数据的破坏，定期对硬盘进行病毒检测和数据备份。

4. 移动硬盘

除了固定安装在主机中的硬盘外，还有一类硬盘产品，它们的体积小、重量轻，采用USB 接口或者 SATA 接口，可随时从计算机上插拔（类似 U 盘），非常方便携带和使用，称为移动硬盘。

移动硬盘通常采用微型硬盘加上特制的配套硬盘盒构成。一些超薄型的移动硬盘，厚度仅 1cm 左右，比手掌还小一些，重量只有 200～300g，存储容量可以达到 512GB 以上。移动硬盘的优点如下。

（1）容量大。非常适合携带大型图库、数据库、音像库、软件库的需要。

（2）兼容性好，即插即用。由于采用了 PC 的主流接口 USB，因此移动硬盘可以与各种计算机连接，并且支持即插即用，支持热插拔。

（3）速度快。采用 USB 3.0 接口的速度是 30MB/s～200MB/s，SATA 接口的传输速率是 150MB/s～600MB/s。

（4）体积小，重量轻。USB 移动硬盘体积仅手掌般大小，重量只有 200g 左右，无论放在包中还是口袋内都十分轻巧方便。

（5）安全可靠。移动硬盘具有良好防震性能，在剧烈震动的情况下盘片会自动停转，并将磁头复位到安全区，防止盘片损坏。

2.4.2　移动存储器

目前广泛使用的移动存储器除了移动硬盘之外，还有 U 盘、存储卡和光盘三种。它们存取数据的速度快，工作无噪声，尺寸更小、更轻便，如图 2-19 所示。

图 2-19　U 盘、存储卡和光盘

1. U 盘

U 盘和存储卡都是采用闪存做成的。闪存是一种半导体集成电路存储器，其存储单元的工作机制基于隧道效应，即使断电后也能永久性保存其中的信息。U 盘和存储卡都被认为是一种固态存储设备，它们没有机械移动部件，信息存取速度比较快，工作无噪声，尺寸更小、更轻便。

U 盘采用 USB 接口，它几乎可以与所有的计算机连接。U 盘的容量通常在几十吉字节以上，它能安全可靠地保存数据，使用寿命可长达数年。此外，U 盘还可模拟光驱和硬盘启动操作系统，当操作系统受到病毒感染时，U 盘可以同软盘、光盘一样，起到引导操作系统的作用。

2．存储卡

存储卡是闪存做成的另一种固态存储器,形状为扁平的长方形或正方形,如图 2-19 所示,可热插拔。现在存储卡的种类较多,如 SD 卡、CF 卡、MMC 卡等,它们具有与 U 盘相同的优点,但只有配置了读卡器才能对其进行读写操作。

3．光盘

光盘是以光信息为存储载体来存储数据的一种存储介质。一般分为两种:只读型光盘,包括 CD-ROM 和 DVD-ROM 等;可记录型光盘,包括 CD-RW、DVD-RW 等。光盘需要通过专用的设备即光驱来读写。

任务 2.5　常用的输入设备

2.5.1　键盘

键盘是计算机最常用也是最主要的输入设备,通过键盘可以将英文字母、数字、标点符号等输入计算机,从而向计算机发出命令,输入中西文字和数据。

1．键盘的组成

键盘由一组印有不同符号标记的按键组成,这些按键以矩形排列安装在电路板上。根据键盘上的按键的功能可以划分成以下 4 个区域。

(1) 功能键区:包含 12 个功能键 F1～F12,这些功能键在不同的软件系统中有不同的定义。

(2) 主键盘区(打字键):包含数字键(1～9)、字母键(A～Z)、符号键、运算符号键及若干控制键等。

(3) 数字小键盘区:包含 10 个数字键和运算符号键,另外还有 Enter 键和一些控制键。数字小键盘区的主要功能是数字输入与运算,由 NumLock 键控制。

(4) 控制键区:包含插入、删除、光标控制键、翻屏键等。表 2-4 所示是 PC 键盘中部分常用的控制键及主要功能。

表 2-4　PC 键盘中部分常用的控制键及主要功能

名　　称	功　　能	名　　称	功　　能
Alt	切换键	Insert	插入/覆盖键
Ctrl	控制键	Shift	换挡键
Caps Lock	英文大小写切换键	NumLock	数字小键盘的开关键
Esc	强行退出键	Backspace	退格键
Home	用于把光标移动到开始位置	End	用于把光标移动到末尾
PageUp	向上翻页	PageDown	向下翻页
F1～F12	功能键,其功能由操作系统及运行的应用程序决定	Pause	临时性挂起一个程序或命令
PrintScreen	记录当时的屏幕映像,将其复制到剪贴板中	Delete	删除光标右面的一个字符,或删除一个选定的对象

目前的标准键盘主要有 104 键和 107 键。后者比 104 键多了"睡眠(Sleep)""唤醒(Wake Up)""开/关机(Power)"3 个电源管理方面的按键。顾名思义,这 3 个按键是用于快速开关计算机及让计算机快速进入/退出休眠模式的。

2. 键盘的工作原理

目前,键盘上的按键大多是电容式的。电容式键盘的优点是:击键声音小,无触点,不存在磨损和触点不良等问题,寿命长,手感好。为了避免电极间进入灰尘,按键采用密封组装,键体不可拆卸。

用户按下每个按键时,它们会发出不同的信号,这些信号由键盘内部的电子线路转换成相应的二进制代码,然后通过键盘接口(PS/2 或 USB)送入计算机。

此外,无线键盘与"软键盘"也广泛使用。无线键盘采用无线通信技术,它不需要物理线路,直接通过无线电波将输入信息传送给主机上安装的专用接收器,距离可达 10m,所以使用比较灵活方便;平板电脑和智能手机使用的是"软键盘"(虚拟键盘),当用户需要输入信息时,屏幕会出现类似键盘的一个图像,用户用手指触摸其中的按键即可输入相应的信息,完成输入后,键盘图像便可从屏幕上消失。

2.5.2　鼠标

1. 鼠标的基本概念

鼠标能方便地控制屏幕上的鼠标指针准确地定位在指定位置,并通过按键进行各种操作。鼠标是计算机必备的输入设备之一。

鼠标是计算机显示系统纵横坐标定位的指示器,它的外形轻巧,操作自如,尾部有一条连接电缆,形似老鼠,故名鼠标。鼠标在使用过程中其指针常见的形状及含义如表 2-5 所示。

表 2-5　鼠标指针的常见形状及含义

鼠标指针的形状	含　义	鼠标指针的形状	含　义
↖	标准选择	↕	调整窗口垂直大小
I	文字选择	↔	调整窗口水平大小
↖?	帮助选择	↘	窗口对象调整
↖⧖	后台操作	↗	窗口对象调整
⧖	程序忙	✛	移动对象

2. 鼠标的工作原理

当用户移动鼠标时,借助于机电或光学原理,鼠标移动的距离和方向将分别变换成脉冲信号输入计算机,计算机中运行的驱动程序把接收到的脉冲信号再转换成鼠标在水平方向和垂直方向的位移量,从而控制屏幕上鼠标指针的运动。

鼠标通常有两个按键,称为左键和右键,它们的按下和放开,均会以电信号形式传送给主机。至于点击后计算机做些什么,则由正在运行的软件决定。除了左键和右键外,鼠标中间还有一个滚轮,可以用来控制屏幕内容进行上、下移动,它与窗口右边的滚动条的功能一样,当看一篇比较长的文章时,向后或向前移动滚轮,就能使窗口的内容向上或向下移动。

鼠标的结构经过了几次演变,现在流行的是光电鼠标。它使用一个微型镜头不断地拍摄鼠标器下方的图像,经过一个特殊的微处理器(数字信号处理器 DSP)对图像颜色或纹理的变化进行分析,计算鼠标器的移动方向和距离。光电鼠标的工作速度快,准确性和灵敏度高(分辨率达 8000dpi),几乎没有机械磨损,很少需要维护,也不需要专用鼠标垫,几乎在任何平面均可以操作。图 2-20 是光电鼠标的正面和底面图。

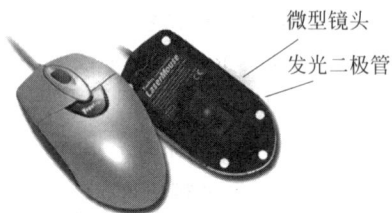

图 2-20 光电鼠标器

鼠标与主机的接口主要有两种:PS/2 接口和 USB 接口。现在,无线鼠标也逐步流行,作用距离可达 10m。

与鼠标作用类似的设备还有轨迹球、指点杆、触摸板、触摸屏和操纵杆,如图 2-21 所示。操纵杆由基座和控制杆组成,它能将控制杆的物理运动转换成电子信号向主机输入并完成相应操作,操纵杆在飞行模型、工业控制和电子游戏等应用领域广泛应用。

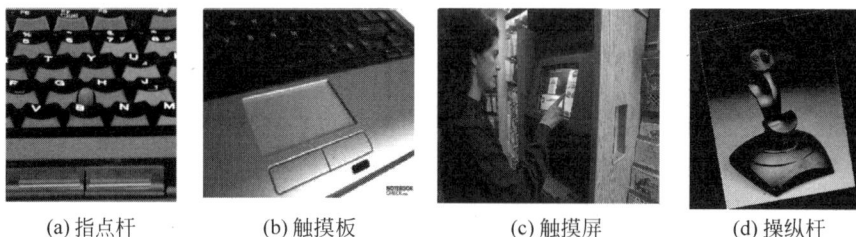

(a)指点杆　　　　(b)触摸板　　　　(c)触摸屏　　　　(d)操纵杆

图 2-21 与鼠标作用类似的设备

2.5.3 触摸屏

随着因特网进入千家万户,计算机应用得到了极大的发展,但使用键盘输入汉字仍然是许多计算机新手的一大障碍。此外便携式数字设备如平板电脑、智能手机、MP3 播放器、GPS 定位仪等移动设备,由于体积限制,也需要寻找键盘和鼠标的替代品,触摸屏(见图 2-22)作为一种新颖的输入设备现在得到了广泛应用,它兼有鼠标和键盘的功能,甚至还可以用来手写汉字输入,深受用户欢迎。除了平板电脑、智能手机、GPS 定位仪等移动设备外,博物馆、酒店、机场等公共场所的多媒体计算机或查询终端上也已广泛使用触摸屏。

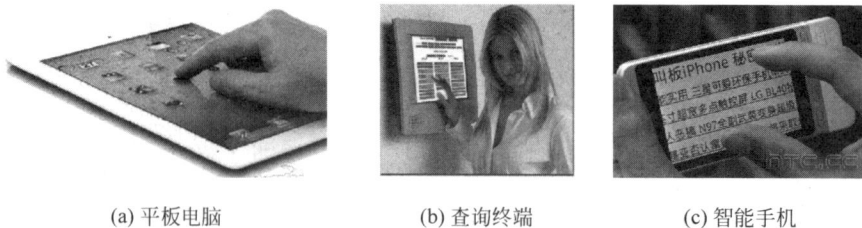

(a)平板电脑　　　　(b)查询终端　　　　(c)智能手机

图 2-22 触摸屏

触摸屏是在液晶面板上覆盖一层触摸面板,当手指或塑料笔尖施压其上时会有电流产生以确定压力源的位置,并对其进行跟踪,用以取代机械式的按钮面板。透明的触摸面板附着在液晶屏上,不占用额外的物理空间,具有视觉对象与触觉对象完全一致的效果,实现无损耗、无噪声的控制操作。

多点触摸屏与传统的电阻型(压感式)单点触摸屏不同,多点触摸屏大多基于电容传感器原理,可以同时感知屏幕上的多个触控点。用户除了能进行单击、双击、平移等操作外,还可以双手(或多个手指)对指定的对象(如一幅图像、一个窗口)进行缩放、旋转、滚动等控制操作。这种新鲜感十足的操控设计为苹果公司的 iPhone、iPod 和 iPad 等产品增色不少,成为吸引消费者的一个亮点。目前已经在平板电脑等许多智能数码产品中推广使用。

2.5.4 扫描仪

扫描仪是利用光电技术和数字处理技术,以扫描方式将图形或图像信息转换为数字信号的装置,是将原稿(图片、照片、底片、书稿等)的影像输入计算机的一种输入设备。

1. 扫描仪的分类及工作原理

扫描仪的种类很多,按照扫描仪的结构来分,扫描仪可分为手持式、平板式、胶片专用和滚筒式等几种。

手持式扫描仪工作时,操作人员手拿着扫描仪在原稿上移动。它的扫描头比较窄,只适用于扫描较小的原稿,如图 2-23(a)所示。

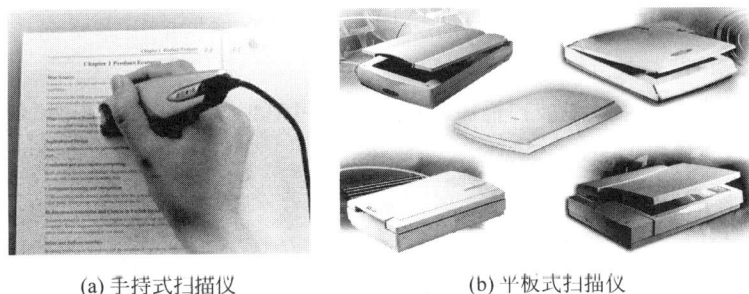

(a) 手持式扫描仪   (b) 平板式扫描仪

图 2-23 扫描仪

平板式扫描仪主要用于扫描反射式原稿,它的适用范围非常广,单页纸可以扫描,一本书也可以逐页扫描。它的扫描速度、精度、质量比较好,在家庭和办公自动化领域得到了广泛的应用,如图 2-23(b)所示。

胶片专用扫描仪和滚筒式扫描仪都是高分辨率的专业扫描仪,它们在光源、色彩捕捉等方面均具有较高的技术性能,光学分辨率很高,主要用于专业印刷排版领域。

扫描仪是基于光电转换原理设计的,上述几种类型的扫描仪工作原理大体相同,仅是结构和使用的感光器件不同。现以平板式扫描仪为例,介绍它的工作原理,如图 2-24 所示。

扫描仪工作时,将被扫描的原稿正面朝下,放置在扫描仪玻璃板上。扫描仪采用高密度的光束照射图像,由电机牵动的扫描头沿着原稿移动,并接收从原稿反射回来的光束。由于黑色、白色、彩色的不同以及灰度的区别,反射回来的光强度也有不同,这种反射光被

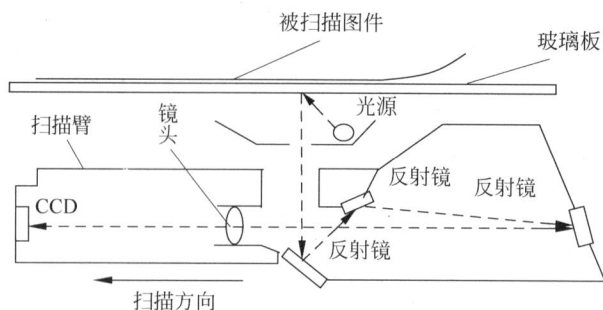

图 2-24　CCD 扫描仪工作原理

聚焦后照射在 CCD(电荷耦合)器件上,通过光电转换产生电流输出。照射光强则电流大,照射光弱则电流小,再经模数转换器(A/D 转换器)转换,就变成计算机可以处理的数字信号。这种数字信号还要由专门的软件进行各种校正和平滑处理,得到的图像数据以指定的文件格式(如 TIF 文件)存储在计算机中。

2. 扫描仪的主要性能指标

(1) 分辨率,反映了扫描仪扫描图像的清晰程度,用纵向和横向每英寸的取样点数目(dpi)来表示。普通家用扫描仪的分辨率为 1600～3200dpi。

(2) 色彩位数(像素深度),反映了扫描仪对图像色彩的辨析能力,色彩位数越多,反映的色彩就越丰富,得到的图像效果就越真实、逼真。色彩位数有 24 位、36 位、48 位等,分别可表示 2^{24} 种、2^{36} 种、2^{48} 种不同的颜色。使用时可根据应用需要选择黑白、灰度或彩色工作模式,并设置灰度级数或彩色的位数。

(3) 扫描的幅面,是允许被扫描原稿的最大尺寸,如 A4、A3 等。

(4) 接口类型,如 USB 接口、IEEE 1394 等。

2.5.5　数码相机

数码相机(digital camera,DC)是一种利用电子传感器把光学影像转换成电子数据的照相机,是一种重要的图像输入设备,如图 2-25 所示。与传统照相机相比,数码相机不需要使用胶卷,能直接将照片以数字形式记录下来,并输入计算机进行存储、处理和显示,或通过打印机打印出来,或与电视机连接进行观看。

(a) 普通数码相机　　　　　　　　(b) 专业数码相机

图 2-25　数码相机

1. 数码相机的工作原理

数码相机的镜头和快门与传统相机基本相同,不同之处是它不使用光敏卤化银胶片成像,而是将影像聚焦在成像芯片(CCD 或 CMOS)上,并由成像芯片转换成电信号,再经模数转换变成数字图像,经过必要的图像处理和数据压缩之后,存储在相机内部的存储器中,如图 2-26 所示。其中成像芯片是数码相机的核心。

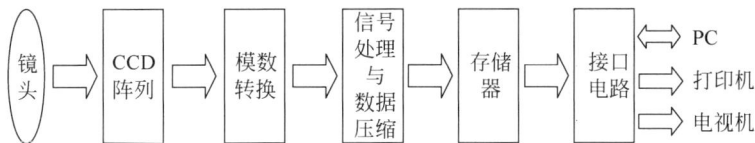

镜头 → CCD 阵列 → 模数转换 → 信号处理与数据压缩 → 存储器 → 接口电路 → PC / 打印机 / 电视机

图 2-26 数码相机工作原理

2. 数码相机主要性能指标

1) CCD 像素个数

它决定照片图像能达到的最高分辨率。采用 CCD 芯片成像时,CCD 芯片中数以亿计的 CCD 像素排列成宽高比为 4∶3 或者 3∶2 的矩形成像区,每个 CCD 像素可感测影像中的一个点,将它收到的光信号转换为电信号。显然,CCD 像素越多,影像分解的点就越多,最终所得到影像的分辨率就越高,影像就越清晰,图像的质量也就越好。

2) 存储器的容量

存储器的容量即保存 CCD 成像并转换后得到的数字图像的存储器的容量。经过 CCD 芯片成像并转换得到数字图像,存储在数码相机的存储器中,数码相机的存储器大多采用由闪存组成的存储卡(如 MMC 卡、SD 卡等),即使关机也不会丢失信息,在分辨率和质量要求相同的情况下,存储器的容量越大,可存储的数字相片就越多。

3) 接口类型

目前数码相机的结构已日趋完善,功能趋于多样化。一般使用的数码相机都配置有用于取景的彩色液晶显示屏、与计算机连接的 USB 接口和与电视机连接的模拟视频信号接口,具有自动聚焦、自动曝光、数字变焦等功能,大多还能拍摄视频和进行录音,满足了人们多样化的需求。

任务 2.6 常用的输出设备

2.6.1 显示器

显示器也称为监视器,它是一种将计算机中的数字信号转换成光信号,并在屏幕上以图文的形式显示出来的输出设备。显示器是计算机最基本的输出设备,它是用户操作计算机传递各种信息的窗口,没有显示器用户便无法了解计算机的工作状态,也无法进行操作。

计算机显示器通常由两部分组成:显示器和显示控制器(显卡)。

1. 显示器

计算机使用的显示器主要有两类:阴极射线管(CRT)显示器和液晶显示器(LCD),

如图 2-27 所示。

1）CRT 显示器

CRT 显示器是通过电子枪，从阴极发射出大量电子，经过强度控制，聚集和加速，使其形成电子流，再经过偏转线圈的控制，快速地轰击显示器的荧光屏，从而使荧光屏上的荧光粉发亮显示图像。

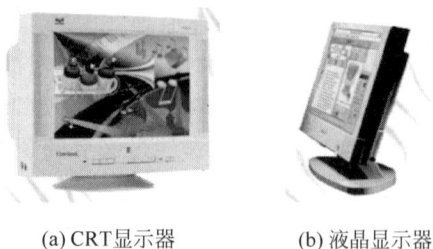

(a) CRT显示器   (b) 液晶显示器

图 2-27   显示器

CRT 显示器通常有 3 支电子枪，分别发射红色、蓝色和绿色电子束。显示器工作时改变电子束的发射强度，也就改变了红、蓝、绿3 种颜色各自所占的比例，就能产生不同的色彩。近些年，CRT 显示器只有一些台式 PC还在使用，由于 CRT 显示器笨重、耗电、有辐射，正在逐步被液晶显示器所取代。

2）LCD

LCD 是借助液晶对光线进行调制而显示图像的一种显示器。液晶是介于固态和液态之间的一种物质，它既具有液态的流动性，又具有固态晶体排列的有向性。通电时在电场的作用下，液晶排列变得有秩序，使光线通过；不通电时，排列则变得混乱，可阻止光线通过。

与 CRT 显示器相比，LCD 具有工作电压低、辐射危害小、功耗低、不闪烁、体积小，适用于大规模集成电路驱动，易于实现大画面显示等特点，现在已经在计算机、手机、数码相机、电视机等方面得到了广泛应用。

LCD 的主要性能指标如下。

（1）显示屏的尺寸：与电视机相同，计算机显示器的尺寸也是以显示屏对角线的长度来衡量的。常用的显示器尺寸有 15in、17in、19in、22in 等。

（2）显示器的分辨率：它指的是整屏最多可显示像素的多少，一般用"水平方向像素数×垂直方向像素数"来表示，如 800×600、1024×768 等。

（3）刷新速率：指所显示的图像每秒更新的次数。刷新速率越高，图像的稳定性越好，不会产生闪烁和抖动。一般 PC 刷新速率在 60Hz 以上。

（4）辐射与环保：显示器工作时产生的辐射对人体有不良的影响，也会产生信息的泄露，影响信息安全。因此，显示器必须达到国家标准和通过 MPR Ⅱ 和 TCO 认证（电磁辐射标准），以节约能源、保证人体安全和防止信息泄露。

（5）色彩、亮度和对比度：一般而言，亮度越高，显示的色彩就越鲜艳，效果也越好。对比度是最亮区域与最暗区域之间亮度的比值，对比度小时图像容易产生模糊的感觉。

此外，还有响应时间、背光源类型等指标。

2. 显示控制器

显示控制器又称显示卡（显卡），是主机与显示器之间的"桥梁"，其作用是将计算机系统所需要的显示信息进行转换驱动，并向显示器提供行扫描信号，控制显示器的正确显示，是连接显示器和 PC 主板的重要元件，是"人机对话"的重要设备之一。显卡在 PC 中多数做成插卡的形式，如图 2-28 所示。

显卡主要由显示控制电路、绘图处理器、显示存储器和接口电路四部分组成。它与显示器、CPU 及 RAM 的相互关系如图 2-29 所示。显示控制电路负责对显示器的操作进行控制,包括对液晶(或 CRT)显示器进行控制,如光栅扫描、画面刷新等;绘图处理器(GPU)是显卡的核心,它是一种处理图形、图像的专用处理器;显示存储器负责存储屏幕上所有像素的颜色信息;接口电路负责显卡与 CPU 和内存的数据传输,由于经常需要将内存中的图像数据成批地传送到显示存储器,相互间的连接方法和传输速度十分重要。

图 2-28　显示控制器

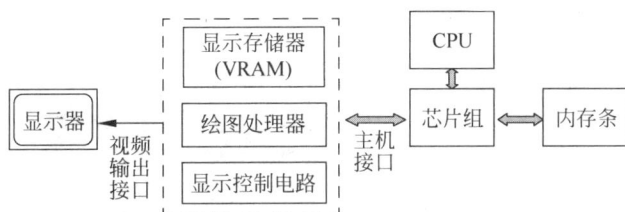

图 2-29　显示器、显卡、CPU 及 RAM 的关系

　　说明:为了降低成本,现在显卡已经越来越多地集成在 CPU 或芯片组中,但是独立显卡具有高速图像处理和图形绘制处理能力,还有专门的显示存储器,其性能明显优于集成显卡,人们在日常生活中要根据需要灵活选用。

2.6.2　打印机

　　打印机也是 PC 的一种重要的输出设备,用于将计算机处理的程序、数据、字符、图形打印在纸上。目前广泛使用的打印机主要有针式打印机、激光打印机和喷墨打印机 3 种。

1. 针式打印机

　　针式打印机是一种击打式打印机。它的工作原理主要体现在打印头上。打印头安装了若干根钢针,有 9 针、16 针、24 针等几种。钢针垂直排列,它们靠电磁铁驱动,一根钢针配一个电磁铁。当打印头沿纸横向运动时,由控制电路产生的电流脉冲驱动电磁铁,使其螺旋线圈产生磁场吸动衔铁,钢针在衔铁的推动下产生击打力,顶推色带,就把色带上的油墨打印到纸上而形成一个墨点;当电流脉冲消失后电磁场减弱,复位弹簧使钢针和衔铁复位。打印完一列后,打印头平移一格,然后打印下一列,如图 2-30 所示。打印头安装在字车上,字车由步进电机牵引的钢丝拖动,做水平往返运动,使打印头在两个方向上都能打印。

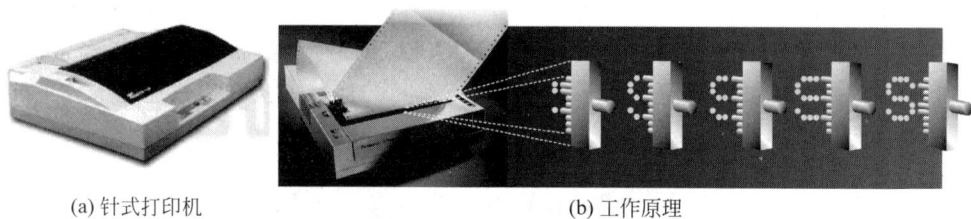

(a) 针式打印机　　　　　　　　(b) 工作原理

图 2-30　针式打印机的工作原理

针式打印机在过去很长一段时间广泛使用,由于它打印的质量(分辨)不高,工作噪声大,现在已被淘汰出办公和家用市场。但其使用的耗材(色带)成本低,能多层套打,特别是其独特的平推式进纸技术,在打印存折和票据方面,具有其他种类打印机不具有的优势,针式打印机在银行、税务、证券、邮电、商业等领域继续使用。

2. 激光打印机

激光打印机是激光技术和静电复印技术结合的产物,它是一种高质量、高速度、低噪声、价格适中的输出设备,如图 2-31 所示。

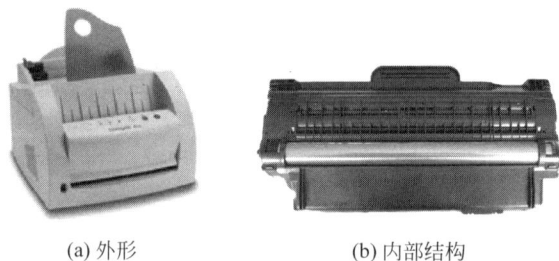

(a) 外形　　　　　　　　(b) 内部结构

图 2-31　激光打印机

激光打印机由激光器、旋转反射镜、聚焦透镜和感光鼓等部分组成。打印机工作时,激光束经棱镜反射后聚焦到感光鼓上,以静电的形式形成"潜像";之后,感光鼓表面的电荷会吸附上厚度不同的碳粉;最后通过温度与压力的联合作用,把表现文字或图形的碳粉附着在纸上。由于激光能聚焦成很细的光点,激光打印机的分辨率很高,打印的质量相当好。激光打印机的工作原理如图 2-32 所示。

激光打印机与主机的接口过去以并行接口为主,现在多数使用 USB 接口。同时,激光打印机分为黑白和彩色两种,其中低速的黑白激光打印机已普及,而彩色激光打印机的价格还比较高,适合专业用户使用。

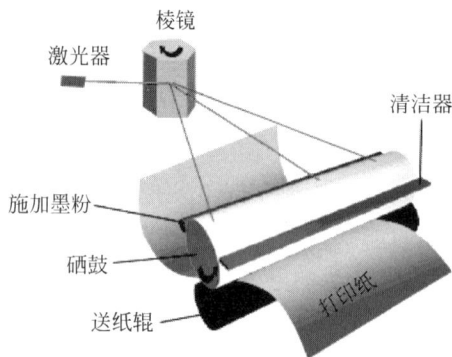

图 2-32　激光打印机的工作原理

3. 喷墨打印机

喷墨打印机也是一种非击打式的输出设备,它的优点是能打印彩色、经济、噪声低、使用低电压不产生臭氧、有利于保护办公室环境等。在彩色图像输出设备中,喷墨打印机已占绝对优势,如图 2-33 所示。

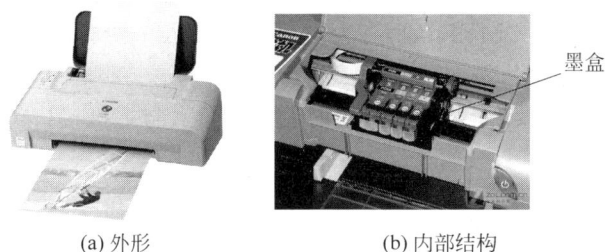

| (a) 外形 | (b) 内部结构 |

图 2-33 喷墨打印机

喷墨打印机从技术上可以分为压电喷墨技术和热喷墨技术两类。Canon 和 HP 等公司的产品采用热喷墨技术,其工作原理是让墨水通过细喷嘴,在强电场的作用下,将喷头管道中的一部分墨汁气化,形成气泡,气泡将喷嘴处的墨水顶出喷嘴,以每秒数千次的高频喷射到输出介质表面,形成图案或字符,如图 2-34 所示。这种喷墨打印机有时又被称为气泡打印机,用这种技术制作的喷头工艺比较成熟,成本也较低廉。

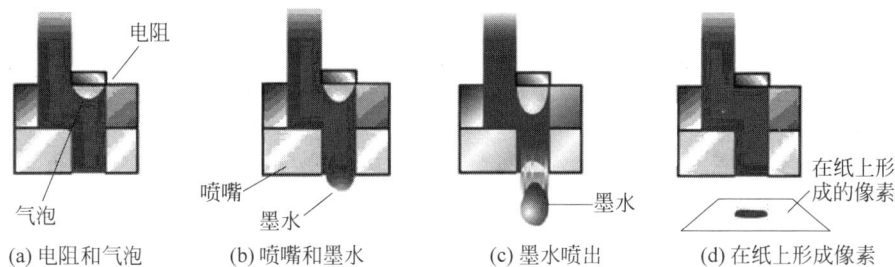

(a) 电阻和气泡   (b) 喷嘴和墨水   (c) 墨水喷出   (d) 在纸上形成像素

图 2-34 喷墨打印机的工作原理(热喷墨技术)

喷墨打印机的关键技术是喷头,要使墨水从喷嘴中以每秒近万次的频率喷射到纸上,这对喷嘴的制造材料和工艺要求很高。喷墨打印机所使用的耗材是墨水,理想的墨水应不损伤喷头,能快速干但又不在喷嘴处结块,防水性好,不在纸张表面扩散或产生毛细渗透现象,在普通纸张上打印效果要好,不因纸张种类不同而产生色彩偏移现象,黑色要纯,彩色要艳,图像不会因日晒或久置而褪色,墨水应无毒、不污染环境、不影响纸张再生使用。由于上述许多要求,墨水成本高,而且消耗快,这是喷墨打印机的不足之处。

4. 打印机的性能指标

打印机的性能指标主要有打印精度、打印速度、色彩数目和打印成本等。

(1)打印精度:打印精度也就是打印机的分辨率,用 dpi(每英寸打印的点数)来表示,是衡量图像清晰程度的最重要的指标。一般情况下,360dpi 以上的打印效果才能基本令人满意。

（2）打印速度：针式打印机的打印速度通常使用每秒钟打印的字符或行数来度量；激光打印机和喷墨打印机的打印速度指每分钟打印多少张纸（PPM），办公室里使用的高速激光打印机的打印速度可达 10PPM 以上。

（3）色彩数目：它指打印机可打印不同颜色的总数，可打印颜色种类越多图像的效果越真实、越逼真。例如，对于喷墨打印机，最初使用 3 色墨盒，色彩效果不佳；后来改用青、黄、洋红、黑 4 色墨盒（CMYK），而在专业领域又加入了淡青和淡洋红两种颜色，从而使打印输出的色彩更细致入微。

（4）打印机的成本、噪声、可打印的幅面大小、功耗、与主机接口类型等也都是打印机的重要性能指标。

任务 2.7　真题强化

1. 计算机采用的主机电子器件的发展顺序是（　　）。

    A. 晶体管、电子管、中小规模集成电路、大规模和超大规模集成电路

    B. 电子管、晶体管、中小规模集成电路、大规模和超大规模集成电路

    C. 晶体管、电子管、集成电路、芯片

    D. 电子管、晶体管、集成电路、芯片

2. 专门为某种用途而设计的计算机，称为（　　）计算机。

    A. 专用　　　　　　　　B. 通用　　　　　　　　C. 特殊　　　　　　　　D. 模拟

3. CAM 的含义是（　　）。

    A. 计算机辅助设计　　　　　　　　B. 计算机辅助教学

    C. 计算机辅助制造　　　　　　　　D. 计算机辅助测试

4. 下列关于硬盘的说法中，错误的是（　　）。

    A. 硬盘中的数据断电后不会丢失

    B. 每个计算机主机有且只能有一块硬盘

    C. 硬盘可以进行格式化处理

    D. CPU 不能够直接访问硬盘中的数据

5. ROM 与 RAM 的主要区别在于（　　）。

    A. ROM 可以永久保存信息，RAM 在断电后信息会丢失

    B. ROM 断电后，信息会丢失，RAM 则不会

    C. ROM 是内存储器，RAM 是外存储器

    D. RAM 是内存储器，ROM 是外存储器

6. （　　）是系统部件之间传送信息的公共通道，各部件由总线连接并通过它传递数据和控制信号。

    A. 总线　　　　　　B. I/O 接口　　　　　C. 电缆　　　　　　D. 扁缆

7. 计算机系统采用总线结构对存储器和外设进行协调。总线主要由（　　）3 部分组成。

A. 数据总线、地址总线和控制总线　　　　B. 输入总线、输出总线和控制总线

C. 外部总线、内部总线和中枢总线　　　　D. 通信总线、接收总线和发送总线

8. 下列不属于第二代计算机特点的是(　　　)。

A. 采用电子管作为逻辑元件

B. 运算速度为每秒几万至几十万条指令

C. 内存主要采用磁芯

D. 外存储器主要采用磁盘和磁带

9. 下列有关计算机的新技术的说法中,错误的是(　　　)。

A. 嵌入式技术是将计算机作为一个信息处理部件,嵌入应用系统中的一种技术,也就是说,它将软件固化集成到硬件系统中,将硬件系统与软件系统一体化

B. 网格计算利用互联网把分散在不同地理位置的计算机组织成一个"虚拟的超级计算机"

C. 网格计算技术能够提供资源共享,实现应用程序的互联互通,网格计算与计算机网络是一回事

D. 中间件是介于应用软件和操作系统之间的系统软件

10. 计算机辅助设计的简称是(　　　)。

A. CAT　　　　B. CAM　　　　C. CAI　　　　D. CAD

11. 一般计算机硬件系统的主要组成部件有五大部分,下列选项中不属于这五部分的是(　　　)。

A. 输入设备和输出设备　　　　B. 软件

C. 运算器　　　　D. 控制器

12. 下列选项中不属于计算机的主要技术指标的是(　　　)。

A. 字长　　　　B. 存储容量　　　　C. 重量　　　　D. 时钟主频

13. RAM 具有的特点是(　　　)。

A. 海量存储

B. 存储在其中的信息可以永久保存

C. 一旦断电,存储在其上的信息将全部消失且无法恢复

D. 存储在其中的数据不能改写

14. 下面四种存储器中,属于数据易失性的存储器是(　　　)。

A. RAM　　　　B. ROM　　　　C. PROM　　　　D. CD-ROM

15. 下列有关计算机结构的叙述中,错误的是(　　　)。

A. 最早的计算机基本上采用直接连接的方式,冯·诺依曼研制的计算机 IAS,基本上就采用了直接连接的结构

B. 直接连接方式连接速度快,而且易于扩展

C. 数据总线的位数,通常与 CPU 的位数相对应

D. 现代计算机普遍采用总线结构

16. 下列有关总线和主板的叙述中,错误的是(　　　)。

A. 外设可以直接挂在总线上

  B. 总线体现在硬件上就是计算机主板

  C. 主板上配有插 CPU、内存条、显示卡等的各类扩展槽或接口,而光盘驱动器和硬盘驱动器则通过扁缆与主板相连

  D. 在计算机维修中,把 CPU、主板、内存、显卡加上电源所组成的系统叫最小化系统

17. 下列不属于计算机特点的是(　　)。

  A. 存储程序控制,工作自动化

  B. 具有逻辑推理和判断能力

  C. 处理速度快、存储量大

  D. 不可靠、故障率高

18. 控制器的功能是(　　)。

  A. 指挥、协调计算机各相关硬件工作

  B. 指挥、协调计算机各相关软件工作

  C. 指挥、协调计算机各相关硬件和软件工作

  D. 控制数据的输入和输出

19. 下列设备组中,完全属于计算机输出设备的一组是(　　)。

  A. 喷墨打印机,显示器,键盘

  B. 激光打印机,键盘,鼠标器

  C. 键盘,鼠标器,扫描仪

  D. 打印机,绘图仪,显示器

20. 计算机主要技术指标通常是指(　　)。

  A. 所配备的系统软件的版本

  B. CPU 的时钟频率、运算速度、字长和存储容量

  C. 显示器的分辨率、打印机的配置

  D. 硬盘容量的大小

21. 下列叙述中,错误的是(　　)。

  A. 内存储器一般由 ROM 和 RAM 组成

  B. RAM 中存储的数据一旦断电就全部丢失

  C. CPU 不能访问内存储器

  D. 存储在 ROM 中的数据断电后也不会丢失

22. 配置 Cache 是为了解决(　　)。

  A. 内存与外存之间速度不匹配问题

  B. CPU 与外存之间速度不匹配问题

  C. CPU 与内存之间速度不匹配问题

  D. 主机与外部设备之间速度不匹配问题

23. 计算机技术应用广泛,以下属于科学计算方面的是(　　)。

  A. 图像信息处理   B. 视频信息处理

  C. 火箭轨道计算   D. 信息检索

24. 计算机的技术性能指标主要是指(　　)。

　　A. 计算机所配备的程序设计语言、操作系统、外部设备

　　B. 计算机的可靠性、可维护性和可用性

　　C. 显示器的分辨率、打印机的性能等配置

　　D. 字长、主频、运算速度、内/外存容量

25. 一个完整的计算机系统应该包括(　　)。

　　A. 主机、键盘和显示器　　　　　　　　B. 硬件系统和软件系统

　　C. 主机和它的外部设备　　　　　　　　D. 系统软件和应用软件

26. 下列各存储器中,存取速度最快的一种是(　　)。

　　A. RAM　　　　　　　B. 光盘　　　　　　　C. U 盘　　　　　　　D. 硬盘

27. 下列选项中,既可作为输入设备又可作为输出设备的是(　　)。

　　A. 扫描仪　　　　　　B. 绘图仪　　　　　　C. 鼠标器　　　　　　D. 磁盘驱动器

28. 用来存储当前正在运行的应用程序及相应数据的存储器是(　　)。

　　A. 内存　　　　　　　B. 硬盘　　　　　　　C. U 盘　　　　　　　D. CD-ROM

29. 下列说法中,错误的是(　　)。

　　A. 硬盘驱动器和盘片是密封在一起的,不能随意更换盘片

　　B. 硬盘可以是多张盘片组成的盘片组

　　C. 硬盘的技术指标除容量外,还有转速

　　D. 硬盘安装在机箱内,属于主机的组成部分

30. 英文缩写 CAI 的中文意思是(　　)。

　　A. 计算机辅助教学　　　　　　　　　　B. 计算机辅助制造

　　C. 计算机辅助设计　　　　　　　　　　D. 计算机辅助管理

31. 计算机技术中,英文缩写 CPU 的中文译名是(　　)。

　　A. 控制器　　　　　　B. 运算器　　　　　　C. 中央处理器　　　D. 寄存器

32. Pentium 4 CPU 的字长是(　　)位。

　　A. 8　　　　　　　　　B. 16　　　　　　　　C. 32　　　　　　　　D. 64

33. 能直接与 CPU 交换信息的存储器是(　　)。

　　A. 硬盘存储器　　　　B. CD-ROM　　　　　C. 内存储器　　　　　D. U 盘存储器

34. 字长是 CPU 的主要性能指标之一,它表示(　　)。

　　A. CPU 一次能处理二进制数据的位数

　　B. CPU 最长的十进制整数的位数

　　C. CPU 最大的有效数字位数

　　D. CPU 计算结果的有效数字长度

35. 下列关于磁道的说法中,正确的是(　　)。

　　A. 盘面上的磁道是一组同心圆

　　B. 由于每一磁道的周长不同,所以每一磁道的存储容量也不同

　　C. 盘面上的磁道是一条阿基米德螺线

　　D. 磁道的编号是最内圈为 0,并次序由内向外逐渐增大,最外圈的编号最大

36. 液晶显示器的主要技术指标不包括(　　)。

　　A. 显示分辨率　　　　B. 显示速度　　　　　C. 亮度和对比度　　D. 存储容量

37. 下列叙述中,正确的是(　　)。

　　A. CPU 能直接读取硬盘上的数据

　　B. CPU 能直接存取内存储器

　　C. CPU 由存储器、运算器和控制器组成

　　D. CPU 主要用来存储程序和数据

38. 1946 年首台电子数字计算机 ENIAC 问世后,冯·诺依曼在研制 EDVAC 计算机时,提出两个重要的改进,它们是(　　)。

　　A. 引入 CPU 和内存储器的概念

　　B. 采用机器语言和十六进制

　　C. 采用二进制和存储程序控制的概念

　　D. 采用 ASCII 编码系统

39. 假设某台式计算机的内存储器容量为 128MB,硬盘容量为 10GB。硬盘的容量是内存容量的(　　)倍。

　　A. 40　　　　　　　　B. 60　　　　　　　　C. 80　　　　　　　　D. 100

40. 计算机的硬件主要包括中央处理器、存储器、输出设备和(　　)。

　　A. 键盘　　　　　　　B. 鼠标　　　　　　　C. 输入设备　　　　　D. 显示器

41. 在 CD 光盘上标记有"CD-RW"字样,"RW"标记表明该光盘是(　　)。

　　A. 只能写入一次,可以反复读出的一次性写入光盘

　　B. 可多次擦除型光盘

　　C. 只能读出,不能写入的只读光盘

　　D. 驱动器单倍速为 1350KB/s 的高密度可读写光盘

42. 在计算机中,每个存储单元都有一个连续的编号,此编号称为(　　)。

　　A. 地址　　　　　　　B. 位置号　　　　　　C. 门牌号　　　　　　D. 房号

43. 在下列设备中,不能作为微机输出设备的是(　　)。

　　A. 打印机　　　　　　B. 显示器　　　　　　C. 鼠标器　　　　　　D. 绘图仪

44. 世界上公认的第一台电子计算机诞生于(　　)。

　　A. 20 世纪 30 年代　　　　　　　　　　B. 20 世纪 40 年代

　　C. 20 世纪 80 年代　　　　　　　　　　D. 20 世纪 90 年代

45. 构成 CPU 的主要部件是(　　)。

　　A. 内存和控制器　　　　　　　　　　　B. 内存、控制器和运算器

　　C. 高速缓存和运算器　　　　　　　　　D. 控制器和运算器

46. 组成微型机主机的部件是(　　)。

　　A. CPU、内存和硬盘

　　B. CPU、内存、显示器和键盘

　　C. CPU 和内存

　　D. CPU、内存、硬盘、显示器和键盘套

47. 下列设备中,可以作为微机输入设备的是(　　　)。

A. 打印机　　　　　　B. 显示器　　　　　　C. 鼠标器　　　　　　D. 绘图仪

48. 计算机的主频指的是(　　　)。

A. 软盘读写速度,用 Hz 表示

B. 显示器输出速度,用 MHz 表示

C. 时钟频率,用 MHz 表示

D. 硬盘读写速度

49. 把内存中数据传送到计算机的硬盘上去的操作称为(　　　)。

A. 显示　　　　　　　B. 写盘　　　　　　　C. 输入　　　　　　　D. 读盘

50. 下列描述中,正确的是(　　　)。

A. 光盘驱动器属于主机,而光盘属于外设

B. 摄像头属于输入设备,而投影仪属于输出设备

C. U 盘既可以用作外存,也可以用作内存

D. 硬盘是辅助存储器,不属于外设

51. 控制器的功能是(　　　)。

A. 指挥、协调计算机各部件工作

B. 进行算术运算和逻辑运算

C. 存储数据和程序

D. 控制数据的输入和输出

52. 计算机的技术性能指标主要是指(　　　)。

A. 计算机所配备的语言、操作系统、外部设备

B. 硬盘的容量和内存的容量

C. 显示器的分辨率、打印机的性能等配置

D. 字长、运算速度、内/外存容量和 CPU 的时钟频率

53. 能直接与 CPU 交换信息的存储器是(　　　)。

A. 硬盘存储器　　　　　　　　　　　B. CD-ROM

C. 内存储器　　　　　　　　　　　　D. 软盘存储器

54. RAM 的特点是(　　　)。

A. 海量存储

B. 存储在其中的信息可以永久保存

C. 一旦断电,存储在其上的信息将全部消失,且无法恢复

D. 只用来存储中间数据

55. 某 800 万像素的数码相机,拍摄照片的最高分辨率大约是(　　　)像素。

A. 3200×2400　　B. 2048×1600　　C. 1600×1200　　D. 1024×768

56. 微机硬件系统中最核心的部件是(　　　)。

A. 内存储器　　　　B. 输入输出设备　　C. CPU　　　　　　D. 硬盘

57. DVD-ROM 属于(　　　)。

A. 大容量可读可写外存储器　　　　　B. 大容量只读外部存储器

C. CPU 可直接存取的存储器　　　　　D. 只读内存储器

58. 移动硬盘或 U 盘连接计算机所使用的接口通常是（　　）。

　　A. RS-232C 接口　　B. 并行接口　　　　C. USB　　　　D. SCSI

59. 下列设备组中，完全属于输入设备的一组是（　　）。

　　A. CD-ROM 驱动器、键盘、显示器

　　B. 绘图仪、键盘、鼠标器

　　C. 键盘、鼠标器、扫描仪

　　D. 打印机、硬盘、条码阅读器

60. 除硬盘容量大小外，下列也属于硬盘技术指标的是（　　）。

　　A. 转速　　　　　　　　　　　　B. 平均访问时间

　　C. 传输速率　　　　　　　　　　D. 以上全部

61. 一个完整的计算机系统的组成部分的确切提法应该是（　　）。

　　A. 计算机主机、键盘、显示器和软件

　　B. 计算机硬件和应用软件

　　C. 计算机硬件和系统软件

　　D. 计算机硬件和软件

62. 运算器的完整功能是进行（　　）。

　　A. 逻辑运算　　　　　　　　　　B. 算术运算和逻辑运算

　　C. 算术运算　　　　　　　　　　D. 逻辑运算和微积分运算

63. 下列各存储器中，存取速度最快的一种是（　　）。

　　A. U 盘　　　　　B. 内存储器　　　　C. 光盘　　　　D. 固定硬盘

64. 操作系统对磁盘进行读/写操作的物理单位是（　　）。

　　A. 磁道　　　　　B. 字节　　　　C. 扇区　　　　D. 文件

65. "32 位微机"中的 32 位指的是（　　）。

　　A. 微机型号　　　B. 内存容量　　　C. 存储单位　　　D. 机器字长

66. 显示器的参数：1024×768，它表示（　　）。

　　A. 显示器分辨率　　　　　　　　B. 显示器颜色指标

　　C. 显示器屏幕大小　　　　　　　D. 显示每个字符的列数和行数

67. 下列关于世界上第一台电子计算机 ENIAC 的叙述中，错误的是（　　）。

　　A. 它是 1946 年在美国诞生的

　　B. 它主要采用电子管和继电器

　　C. 它是首次采用存储程序控制使计算机自动工作

　　D. 它主要用于弹道计算

68. 度量计算机运算速度常用的单位是（　　）。

　　A. MIPS　　　　　B. MHz　　　　C. MB　　　　D. Mb/s

69. 在微机的配置中常看到"P4 2.4G"字样，其中"2.4G"表示（　　）。

　　A. 处理器的时钟频率是 2.4GHz

　　B. 处理器的运算速度是 2.4GIPS

C. 处理器是 Pentium 4 第 2.4 代

D. 处理器与内存间的数据交换速率是 2.4GB/s

70. 在外部设备中,扫描仪属于(　　　)。

A. 输出设备　　　　B. 存储设备　　　　C. 输入设备　　　　D. 特殊设备

71. 计算机内存中用于存储信息的部件是(　　　)。

A. U 盘　　　　　　B. 只读存储器　　　C. 硬盘　　　　　　D. RAM

72. 电子计算机最早的应用领域是(　　　)。

A. 数据处理　　　　B. 科学计算　　　　C. 工业控制　　　　D. 文字处理

73. 下面关于 U 盘的描述中,错误的是(　　　)。

A. U 盘有基本型、增强型和加密型三种

B. U 盘的特点是重量轻、体积小

C. U 盘多固定在机箱内,不便携带

D. 断电后,U 盘还能保持存储的数据不丢失

74. 对"铁路联网售票系统",按计算机应用的分类,它属于(　　　)。

A. 科学计算　　　　B. 辅助设计　　　　C. 实时控制　　　　D. 信息处理

75. 下列设备组中,完全属于外部设备的一组是(　　　)。

A. CD-ROM 驱动器、CPU、键盘、显示器

B. 激光打印机、键盘、CD-ROM 驱动器、鼠标器

C. 内存储器、CD-ROM 驱动器、扫描仪、显示器

D. 打印机、CPU、内存储器、硬盘

76. 计算机之所以能按人们的意图自动进行工作,最直接的原因是因为采用了(　　　)。

A. 二进制　　　　　　　　　　　　B. 高速电子元件

C. 程序设计语言　　　　　　　　　D. 存储程序控制

77. 目前的许多消费电子产品(数码相机、数字电视机等)中都使用了不同功能的微处理器来完成特定的处理任务,计算机的这种应用属于(　　　)。

A. 科学计算　　　　B. 实时控制　　　　C. 嵌入式系统　　　D. 辅助设计

78. 摄像头属于(　　　)。

A. 控制设备　　　　B. 存储设备　　　　C. 输出设备　　　　D. 输入设备

79. 显示器的分辨率为 1024×768 像素,若能同时显示 256 种颜色,则显示存储器的容量至少为(　　　)KB。

A. 192　　　　　　　B. 384　　　　　　　C. 768　　　　　　　D. 1536

80. 微机内存按(　　　)。

A. 二进制位编址　　　　　　　　　B. 十进制位编址

C. 字长编址　　　　　　　　　　　D. 字节编址

81. 液晶显示器的主要技术指标不包括(　　　)。

A. 显示分辨率　　　　　　　　　　B. 显示速度

C. 亮度和对比度　　　　　　　　　D. 存储容量

任务 2.8　评价与讨论

1. 抛出问题

（1）在计算机的发展过程中，从性能和用途来说：计算机可分成哪些类型？有哪些主要应用领域？

（2）计算机在逻辑上由哪几部分组成？各部分的主要功能是什么？

（3）目前流行的 PC 和平板电脑使用的 CPU 和存储器有什么差别？

2. 说一说、评一评

学生在解决问题过程中，分小组讨论，最后选派代表回答问题，其他小组成员及教师给出点评，并从回答问题过程中了解学生对学习目标的掌握情况。

课堂重点突出，培养学生的实际应用能力，教师做好记录，为以后的教学获取第一手材料。

任务 2.9　资料链接

世界上第一台超越早期经典计算机的光量子计算机诞生

埃尼阿克作为世界上第一台经典电子计算机，开辟了一个属于计算机的时代。而现在，以它为首的经典计算机真正的挑战来了。2017 年 5 月 3 日，由中国科学技术大学联合浙江大学研究组，在基于光子和超导体系的量子计算机研究方面取得了两项重大突破性进展，将为量子计算时代的到来奠定坚实的技术基础。

在光学体系上，该研究团队在 2016 年已实现国际最高水平的 10 光子纠缠操纵。今年，在这一基础上，又利用我国自主研发的高品质量子点单光子源构建了世界首台在性能上能够超越早期经典计算机的单光子量子计算机。最新实验测试表明，该原型机的"玻色取样"速度比国际同行之前所有类似的实验加快至少 24000 倍，比人类历史上第一台电子管计算机和第一台晶体管计算机（TRADIC）运行速度快 10～100 倍。

以前，量子计算速度比经典计算机快还只是停留在理论研究中，而该台原型机将这一理论变成现实，迈出了坚实的第一步，把量子计算机真正推向和经典计算机竞争的擂台。这是历史上第一台超越早期经典计算机的量子模拟机，为最终实现超越经典计算能力的量子计算这一国际学术界称之为"量子称霸"的目标奠定了坚实的基础。

在超导体系，该研究团队自主研发了 10 比特超导量子线路样品，通过高精度脉冲控制和全局纠缠操作，成功实现了目前世界上最大数目的超导量子比特的多体纯纠缠，并通过层析测量方法完整地刻画了 10 比特量子态。这一成果打破了美国之前保持的 9 比特量子操纵的记录，形成了一个完整的超导计算机的系统，使我国在超导体系量子计算机研究领域也进入世界一流水平行列。

根据计划，潘建伟研究团队将计划在今年年底实现大约 20 比特光量子的操纵，20 比特超导量子样品的设计、制备和测试，量子计算机的速度将会成指数增长。

　　量子计算机是指利用量子相干叠加原理,理论上具有超快的并行计算和模拟能力的计算机。随着可操纵的粒子数的增加,量子计算机的计算能力呈指数增长,可以为经典计算机无法解决的大规模计算难题提供有效解决方案,具有巨大的发展潜力。一台操纵50 个微观粒子的量子计算机,对一些特定问题的处理能力甚至比超级计算机还强。如果现在经典计算机的速度是自行车,那量子计算机的速度就好比飞机。并行计算让量子计算机一秒就可完成超级计算机几年的计算任务,几天内就能解决传统计算机花费数百万年时间才能处理的问题。正是因为其广阔的发展前景,许多欧美发达国家以及大型高科技公司纷纷布局相关研究。

　　目前,发展这一技术的关键在于如何通过发展高精度、高效率的量子态制备与相互作用控制技术,实现规模化量子比特的相干操纵。国际上学术界对于量子计算技术的研究主要基于光子、超冷原子和超导线路三个体系上。我国科学家日前在光子和超导线路上取得的重大突破,对于量子计算机的研究与应用具有标志性意义。

微处理器的发展与现状

　　从 20 世纪 70 年代初微处理器诞生开始,它始终遵循摩尔定律在不断地发展,其结构、功能、晶体管数目和工作频率等每隔几年就会发生变化。下面简单地介绍微处理器的发展过程与现状。

1. 发展概述

　　最早出现的是运算器和寄存器仅为 4 位和 8 位的微处理器。20 世纪 70 年代末80 年代初较有影响的美国公司 Apple-Ⅱ 微型计算机(当时还没有个人计算机的概念),就采用主频为 1MHz 的 8 位微处理器作为其 CPU。

　　接下来出现了 16 位微处理器,代表产品是 Intel 公司的 8086。1982 年美国 IBM 公司研制的 IBM PC 采用 Intel 8086 作为其 CPU,这是国际上第一次提出个人计算机的概念。它一方面强调了这种计算机属于个人专用,而非多个用户分时共享;另一方面还标志着微型计算机开始进入工作和商用领域。

　　20 世纪 80 年代末—90 年代初出现了 32 位微处理器,如 Intel 公司的 80386 和 80486微处理器。以 80386、80486 为 CPU 的 Compaq、AST、Dell 和 IBM/PS2 等 PC 都是这个时期的代表产品。这时,PC 性能已经赶超 20 世纪 70 年代的超级小型机,它们开始采用具有图形用户界面的 Windows 操作系统,可执行多任务处理。由 PC 组成的局域网也开始普及,个人计算机的应用范围得到了很大的拓展。

　　1993 年 Intel 公司研制成 Pentium(奔腾)微处理器,它在单个芯片上集成了 310 万个晶体管,使用 273 个引脚的封装,运算速度已超过 100MIPS,性能超过 20 世纪 60 年代的大型计算机,结构上也出现了超标量、超流水线等传统大型机没有的新结构,微处理器开始应用于几乎所有类型的计算机和大多数数字电子设备。

　　此后,奔腾微处理器又有许多新的发展。Intel 公司先后推出了 Pentium Pro 以及Pentium Ⅱ、Pentium Ⅲ 和 Pentium 4 微处理器。这些芯片的时钟频率更高,处理速度更快,不仅能高速处理数值和字符信息,而且适合三维图形显示、语音识别、视频信号处理和网络计算等多方面的应用。有些高档的 CPU 甚至还扩充了 64 位整数处理的功能,把内

存空间扩大到 2^{64} B。

随着CPU芯片复杂度的增加和工作频率的提高,芯片的功耗和散热问题就成为制约CPU性能的重要瓶颈。而集成电路制造工艺和封装水平的发展,允许在一个集成电路芯片中包含更多的晶体管电路,因此人们不再把提高主频作为改善微处理器性能的研发重心,而是考虑在一个芯片中包含2个或多个CPU内核,让多个CPU在软件的配合下同时进行工作(并行处理),通过这种方法来提高系统的性能,从而出现了双核和多核处理。现在PC使用的CPU芯片如Core i3/i5/i7等都是多核处理器。

2. 智能手机和平板电脑使用的微处理器

智能手机和平板电脑具有更好的便携性和易用性,它们要求CPU芯片功耗低、续航时间长、功能丰富、成本低廉。目前,大多数平板电脑和智能手机使用的都是基于ARM处理器内核的SoC芯片(片上系统,也称为系统级芯片),其中包含1个或多个ARM架构的CPU内核、Cache存储器、图形处理器(GPU)、存储管理、I/O控制器等多个组件,有些甚至连内存也封装在一起。SoC是电子设计自动化水平的提高和集成电路制造技术从微米、亚微米进入深亚微米时代(几十纳米)的产物,它们通常由整机厂商根据产品需求进行设计,由集成电路厂家如三星、德州仪器、英伟达和高通等代工生产。由于是面向产品专门定制的芯片,所以电路紧凑、功耗小、性价比很高。

用于智能手机和平板电脑的SoC芯片,其CPU大多采用ARM处理器内核。ARM是英国一家专门从事RISC处理器芯片设计的公司,它自己不生产集成电路芯片,只出售ARM系列处理器内核的设计技术。ARM处理器内核是采用RISC结构的32/64位处理器,功能强、成本低,采用低功耗设计技术,有多种不同的型号,得到了广泛的应用。例如,苹果公司的iPad平板电脑和iPhone手机中,采用的是自行设计并委托韩国三星公司代工生产的A4、A5、A5X、A6、A6X和A7等SoC芯片,其中的CPU大多采用经ARM公司授权的ARM Cortex-A8或ARM Cortex-A9架构的处理器,或者是在ARM架构基础上进行改进后的处理器。

与苹果公司相似,韩国三星的Galaxy系列平板电脑和智能手机大多数采用自行设计和生产的Exynos芯片,其中的CPU均为ARM内核。美国英伟达公司开发的Tegra系列SoC芯片有更好的图形处理能力,能够流畅运行3D游戏和播放高清视频,CPU也与苹果A5一样采用ARM Cortex-A9双核架构,其中Tegra芯片被宏碁、东芝、摩托罗拉Xoom以及三星Galaxy Tab2、微软Surface RT等平板电脑采用。

为了与三星公司等进行竞争,Intel公司与Google公司合作在x86平台上运行安卓系统。与此相应,Intel把最先的x86架构的超低电压的凌动(Atom)CPU系列改造为Atom SoC系列,其中含有1~4个x86处理器内核、两级Cache、GPU、I/O和存储控制器等,已经开始在联想、中兴、宏碁、华硕等公司平板电脑和智能手机产品中得到应用。由于与x86 CPU兼容,因而可使用于运行Windows系统的平板电脑中。

产品系列虽多,但使用最多的当属英国ARM公司的ARM处理器,目前全球大部分平板电脑和智能手机使用的CPU都是ARM处理器。

项目 **3**

计算机软件

【项目导读】

在 1946 年世界第一台计算机面世以后,随着它的硬件技术的发展,其软件技术也高速进步。现在,计算机软件技术已经形成自己的学科领域和应用市场,在信息技术高速发展的今天,计算机软件技术正朝着信息多元化、系统集成化、功能智能化和结构分布化的方向迈进。

计算机软件是与计算机系统操作有关的计算机程序、规程、规则,以及相关的文件、文档及数据。软件是用户与硬件之间的接口。用户主要通过软件与计算机进行交流。软件是计算机系统设计的重要依据。为了方便用户,为了使计算机系统具有较高的总体效用,在设计计算机系统时,必须通盘考虑软件与硬件的结合,以及用户的要求和软件的要求。

计算机软件可以被视为是计算机的灵魂,是计算机运行的核心。它可以通过指令和控制数据来控制硬件设备,并实现各种复杂的功能。

【职业素养】

(1) 遵守软件使用中的法律法规和道德规范。

(2) 理解并敬重工匠精神,在学习中努力弘扬工匠精神。

(3) 了解软件行业发展前景,能够使用各种工具软件提升工作效率。

【学习目标】

(1) 掌握计算机软件的概念,理解软件与程序的区别。

(2) 掌握计算机软件的分类及特点。

(3) 掌握操作系统的功能,了解常用的操作系统类型。

(4) 理解算法的概念,能正确区分算法与程序。

(5) 掌握程序设计语言及其处理系统。

任务 3.1   计算机软件的概念与分类

3.1.1   计算机软件的定义

1. 什么是计算机软件

计算机软件是指挥计算机完成特定任务,以数字格式存储的程序、数据和相关文档资料的总称。

1) 程序

程序是一系列指令的集合,具有完成某一确定的信息处理任务,使用某种计算机语言描述怎样完成该任务,存储在计算机中并被 CPU 执行后才能发挥作用的特点。

程序是告诉计算机做什么和怎么做的一组命令,每一个命令就是一条指令。也就是说,程序是由一连串的指令组成的。程序具有以下特性。

(1) 灵活性:程序功能不一样,不同程序完成不同的任务。

(2) 通用性:不同数据输入相同程序,得到不同结果。也就是说,程序并不是专门为解决一个特定问题而设计的,是为解决某一类问题而设计的。

2) 数据

数据是指程序运行过程中需要处理的对象以及处理过程中使用的参数(如三角函数表、英文字典等)。

3) 文档

文档是指程序开发、维护和使用所涉及的资料(如设计报告、维护手册和使用指南等)。

通常,软件必须有完整、规范的文档,如 Word 的帮助等。

4) 软件与程序的区别

(1) 软件往往指的是设计比较成熟、功能比较完善、具有某种使用价值且有一定规模的程序。

(2) 软件既包含程序,也包含与程序相关的数据和文档。

(3) 软件强调的是产品、工程、产业或学科等宏观方面的含义;程序更侧重技术层面的含义。

软件和程序本质上相同,在不会发生混淆的场合,软件和程序两个名称经常混用,并不严格加以区分。

2. 软件产品

软件产品指软件开发厂商交付给用户用于特定用途的一整套程序、数据以及相关的文档(一般是安装和使用手册),它们以光盘或磁盘作为载体,也可以经过授权后从网上下载。

3. 软件保护

软件保护有版权保护、许可证保护、共享软件。

(1) 版权保护。版权是授予软件作者的某种独占权利的一种合法的保护形式,版权所有者唯一地享有该软件的复制、发布、修改、署名、出售等诸多权利。购买一个软件后，用户仅仅得到的是该软件的使用权。

（2）许可证保护。软件许可证是一种法律合同，它确定了用户对软件的使用方式，扩大了版权法给予用户的权利。

（3）共享软件。共享软件是一种"买前免费试用"的具有版权的软件。它具有时间限制，可以多人共同使用，当过了试用期后还想继续使用，就得交一笔注册费用，成为注册用户。

3.1.2　计算机软件的特性

在计算机系统中，软件和硬件是两种不同的产品，硬件是有形的物理实体，而软件是无形的，它具有许多与硬件不同的特性。

1．不可见性

软件是原理、规则和方法的体现，它不能被人们直接地观察和触摸。程序和数据以二进制编码的形式表示并通过电、磁或光的机制进行存储。人们能看到的只是它的物理载体，而不是软件本身。它的价值也不是以物理载体的成本来衡量的。

2．适用性

一个成功的软件往往不是只满足特定应用的需要，而是可以适应一类应用问题的需要。例如微软公司的文字处理软件 Word，它不仅可以协助用户撰写书稿、论文、简历，而且可以用来写作备忘录、网页、邮件等各种类型的文档；使用 Word 不仅可以处理英文文档和中文文档，还可以处理其他多国文字的文档。

3．依附性

软件不像硬件产品那样能独立存在与运行，它要依附于一定的环境。这种环境是由特定的计算机硬件、网络和其他软件组成的。没有一定的环境，软件就无法正常运行，甚至根本不能运行。

4．复杂性

正是因为软件本身不可见，功能上又要具有较好的适用性，再加上在软件设计和开发时还要考虑它对运行环境多样性和易变性的适应能力，因此现今的任何一个商品软件几乎都相当复杂。不仅在功能上要能满足应用的需求，而且响应速度要快，操作使用要灵活方便，工作要可靠安全，对运行环境的要求要低，还要易于安装、维护、升级和卸载等，所有这些都使得软件的规模越来越大，结构越来越复杂，开发成本也越来越高。

5．无磨损性

软件在使用过程中不像其他物理产品那样会有损耗或者产生物理老化现象。理论上，只要它所赖以运行的硬件和软件环境不变，它的功能和性能就不会发生变化，就可以永远使用。当然，硬件技术在进步，用户的应用需求在发展，多年一成不变地使用同一个软件的情况极为罕见。

6．易复制性

软件是以二进制数据表示，并以电、磁和光等形式存储和传输的，因而软件可以非常容易且毫无失真地进行复制，这就使软件的盗版行为很难绝迹。软件开发商除了依靠法律保护软件著作权之外,还经常采用各种防复制措施来确保其软件产品的销售量,以收回高额的开发费用并取得利润。

7. 不断演变性

由于计算机技术发展很快,社会又在不断地变革和进步,软件投入使用后,其功能、运行环境和操作使用方法等通常都处于不断的发展变化之中。一种软件在更好的同类软件开发出来之后,它就会被淘汰。从软件的开发、使用到消亡,这个过程称为该软件的生命周期。为了延长软件的生命周期,软件在投入使用后,开发人员还要不断地进行修改、完善,使其减少错误、扩充功能、适应不断变化的环境,这就导致了软件版本的升级。许多软件通常一两年就会发布一个新的版本。用户可以通过向软件厂商支付一定的费用来升级和更新原来的软件。

8. 有限责任

由于软件的正确性无法采用数学方法予以证明,目前还没有人知道怎样才能写出没有任何错误的程序来。软件功能是否绝对正确,它能否在任何情况下稳定运行,软件厂商无法给出承诺。通常,软件包装上会印有如下一段典型的"有限保证"的声明。

"本软件不做任何保证。程序运行的风险由用户自己承担。这个程序可能会有一些错误,你需要自己承担所有服务、维护和纠正软件错误的费用。另外,生产厂商不对软件使用的正确性、精确性、可靠性和通用性做任何承诺。"

9. 脆弱性

随着因特网的普及,计算机之间相互通信和共享资源在给用户带来方便与利益的同时,也给系统的安全带来了威胁,如黑客攻击、病毒入侵、信息盗用、邮件轰炸、"特洛伊木马"攻击等。其原因一方面是因为操作系统和通信协议存在漏洞;另一方面也是由于软件不是"刚性"的产品,它很容易被修改和破坏,因而使违法和犯罪的行为能够得逞。

3.1.3　计算机软件的分类

按照不同的角度和标准,可以将软件划分为不同的种类。如果从软件功能和作用的角度出发,通常将软件大致分为系统软件和应用软件两大类。

图 3-1 给出了系统软件、应用软件与硬件、用户之间的关系。

1. 系统软件

系统软件是为其他程序提供服务的程序集合(如各种操作系统、编译程序),即为了有效地使用计算机系统,为应用软件开发与运行提供支持,或者能为用户管理与使用计算机提供方便的一类软件。例如,BIOS、操作系统(Windows、UNIX 等)、程序设计语言处理系统(编译程序)、数据库管理系统(Oracle、Access)、常用的实用程序(磁盘清理程序、备份程序等)等都是系统软件。

系统软件的特点是:与计算机硬件具有很强的交互性,

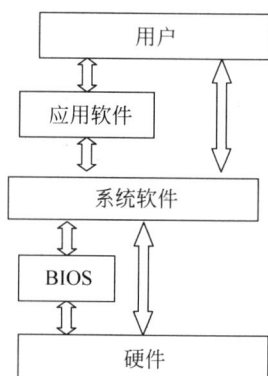

图 3-1　系统软件、应用软件与硬件、用户的关系

能对计算机硬件资源进行统一的控制、调度和管理；具有一定的通用性，它不是专门为解决某个(种)具体应用而开发的。在计算机系统中，系统软件是必不可缺的。

2. 应用软件

应用软件是针对多种应用需求出现的用于解决各种不同具体应用问题的专门软件。按照应用软件的开发方式和适用范围，应用软件可分为通用应用软件和定制应用软件。

(1) 通用应用软件：可在各行各业中共同使用，如文字处理软件、信息检索软件、游戏软件、媒体播放软件、网络通信软件等都是通用应用软件。表 3-1 列出了常用的通用应用软件。

表 3-1　常用的通用应用软件

类　别	功　能	流行软件举例
文字处理软件	文本编辑、文字处理、桌面排版等	Word、Adobe Acrobat、WPS 文字等
电子表格软件	表格、数值计算和统计、绘图等	Excel、WPS 表格等
图形图像软件	图像处理、几何图形绘制、动画制作等	AutoCAD、Photoshop、Flash、3ds Max 等
媒体播放软件	播放各种数字音频和视频文件	QQ 影音、PPS 影音、QQ 音乐播放器等
网络通信软件	电子邮件、聊天、IP 电话等	QQ、微信等
演示软件	投影片制作与播放	PowerPoint、WPS 演示等
浏览器	浏览网页	Edge、360 浏览器、搜狗浏览器等
杀毒软件	防毒杀毒软件、防火墙等	360 安全卫士、McAfee、金山毒霸、卡巴斯基、江民、瑞星等
输入法	输入文字信息	搜狗、谷歌、紫光、五笔、QQ 拼音等
阅读器	阅读特定规范格式的文档	CAJViewer、Adobe Reader 等
游戏软件	游戏、教育和娱乐	棋类游戏、扑克游戏等

(2) 定制应用软件：按照不同领域用户的特定需求而专门设计开发的软件。例如，某学校的教务管理系统、超市的销售管理和预测系统等都是定制应用软件。图 3-2 所示的用于期末考试成绩查询的教务系统就是一款定制应用软件。

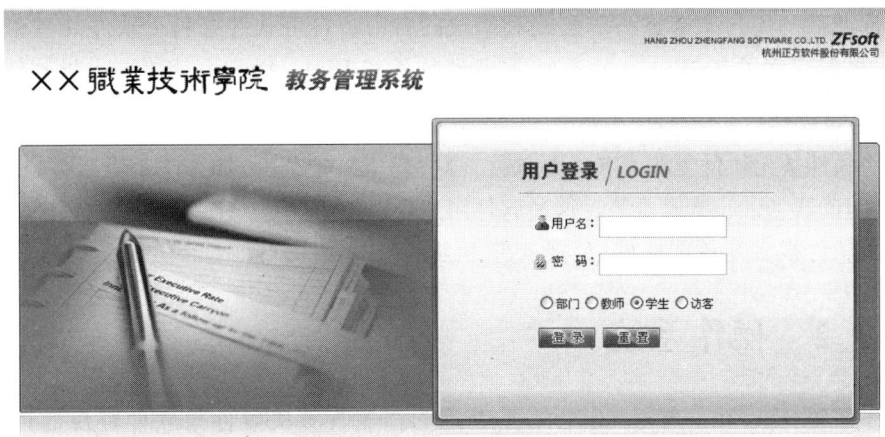

图 3-2　教务系统

3.1.4　计算机软件的版权

软件是智力活动的成果,受到著作权法的保护。著作权授予软件作者(版权所有者)唯一地享有复制、发布、修改、署名、出售等权利。

保护知识产权的目的是:确保脑力劳动成果得到奖励,鼓励人们进行发明创造。只有保护了软件人员因创新带来的收益,才能充分挖掘、发挥他们的创造力,不断开发优秀的软件产品,社会最终也能从他们的创新成果中受益。

购买一个软件,用户仅仅得到了该软件的使用权,并没有获得它的版权。随意进行软件复制和分发是一种违法行为。所以大家应该支持正版软件,不要使用盗版软件。

按照软件权益如何处置来分,软件可分为商品软件、共享软件、自由软件和免费软件。

1. 商品软件

商品软件需要用户付费才能得到使用权。它除了受到版权保护外,通常还受到软件许可证(license)的保护。所谓软件许可证,是一种法律合同,它确定了用户对软件的使用方式,扩大了著作权法给予用户的权利。例如,著作权法规定将一个软件复制到其他机器使用是非法的,但是软件许可证允许用户购买的一份软件可以同时安装在本单位若干台计算机上使用,或者允许所安装的一份软件同时被若干个用户使用。

2. 共享软件

共享软件一般是软件的"免费试用"版本,它通常允许用户试用一段时间,也允许用户复制和散发,但过了试用期就要交注册费,成为注册用户后才能继续使用。这是一种有效的软件销售策略。

3. 自由软件

自由软件的创始人是理查德·斯塔尔曼(Richard Stallman),他于 1984 年启动开发了 Linux 系统的自由软件工程(GUN),创建了自由软件基金会(FSF),拟定了通用公共许可证(GPL),倡导自由软件的非著作权原则。用户可共享,并允许随意复制、修改其源代码,允许销售和自由传播。但是,对软件源代码的任何修改都必须向所有用户公开,还必须允许此后的用户享有进一步复制和修改的自由。自由软件有利于软件共享和技术创新,它的出现成就了 TCP/IP、Apache 服务器软件和 Linux 操作系统等一大批软件精品。

4. 免费软件

免费软件是无须付费即可获得的软件,源代码不一定公开,如 360 杀毒软件、搜狗输入法、PDF 阅读器、Flash 播放器等。这种软件用户可以使用,但是不一定有修改、分发的权利。

自由软件很多是免费软件,免费软件不全是自由软件。

任务 3.2　操作系统

操作系统(operating system,OS)是管理和控制计算机硬件与软件资源的计算机程序,是直接运行在"裸机"上的最基本的系统软件,任何其他软件都必须在操作系统的支持下才能运行。操作系统是用户和计算机的接口,同时也是计算机硬件和其他软件的接口。

操作系统的功能包括管理计算机系统的硬件、软件及数据资源,控制程序运行,改善人机界面,为其他应用软件提供支持等,使计算机系统所有资源最大限度地发挥作用;提供了各种形式的用户界面,使用户有一个好的工作环境,为其他软件的开发提供必要的服务和相应的接口。

3.2.1　概述

操作系统是管理计算机硬件资源,控制其他程序运行并为用户提供交互操作界面的系统软件的集合。操作系统是计算机系统的关键组成部分,负责管理与配置内存、决定系统资源供需的优先次序、控制输入与输出设备、操作网络与管理文件系统等基本任务,如图 3-3 所示。

在计算机系统上配置操作系统的主要指标,与计算机系统的规模和操作系统的应用环境有关。通常,对于配置在大、中型计算机系统中的操作系统都有着较高的要求,相应地,其操作系统就具有较强的功能;而对应用于实时工业控制环境下的操作系统,则要求其具有实时性和高度的可靠性。

图 3-3　操作系统的任务

可以从不同的角度来理解操作系统的作用。从一般用户的角度,可以把操作系统看作用户与计算机硬件系统之间的接口;从资源管理的角度,可以把操作系统视为计算机系统的资源管理者。操作系统主要有以下 3 个方面的重要作用。

(1) 为计算机中运行的应用程序管理和分配各种软硬件资源。计算机系统中的所有硬件设备(如 CPU、存储器、I/O 设备以及网络通信设备等)称为硬件资源;程序、数据和文档等称为软件资源。计算机中一般总有多个程序在运行,例如,在使用 Word 编辑文档时,还使用媒体播放器播放 MP3 音乐,使用杀毒软件杀毒,使用邮件程序接收电子邮件等。这些程序在运行时都可能要求使用系统中的资源(如访问硬盘、在屏幕上显示信息等)。此时操作系统就承担着资源的调度和分配任务,以避免冲突,保证程序正常有序地运行。操作系统的资源管理功能主要包括处理器管理、存储管理、文件管理、I/O 设备管理等几个方面。

(2) 为用户操作计算机提供友好的人机界面。人机界面也称为用户接口或用户界面,它的任务是方便用户操作,实现用户与计算机之间的通信(对话)。现在,几乎所有的操作系统都向用户提供一种图形用户界面(graphic user interface,GUI),它以矩形窗口的形式显示正在运行的各个程序的状态,采用图标(icon)来形象地表示系统中的文件、程序、设备等对象,用户借助点“菜单”的方法来选择要求系统执行的命令或输入某个参数,利用鼠标或触摸屏控制屏幕光标的移动并通过点击操作以启动某个操作命令的执行,甚至还可以采用拖放方式执行所需要的操作。所有这些措施使用户能够比较直观、灵活、方便、有效地使用计算机,减少了记忆操作命令的沉重负担。

(3) 为程序的开发和运行提供一个高效率的平台。人们常把没有安装任何软件的计

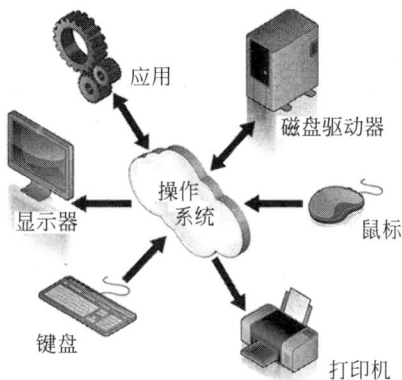

算机称为裸机。在裸机上开发和运行应用程序难度大,效率低,甚至难以实现。安装了操作系统之后,实际上呈现在应用程序和用户面前的是一台"操作系统虚拟机"。操作系统屏蔽了几乎所有物理设备的技术细节,它以规范、高效的方式(如系统调用、库函数等)向应用程序提供了有力支持,从而为开发和运行其他系统软件及各种应用软件提供了一个平台。

用户操作计算机有以下 4 种形式,如图 3-4 所示。

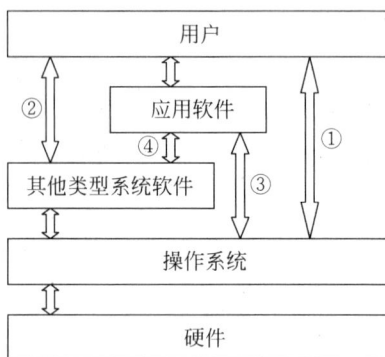

图 3-4   用户操作计算机的形式

① 直接通过操作系统操控计算机,如计算机的设备管理器;
② 通过其他类型的系统软件调用操作系统来操控计算机,如信息管理系统的开发;
③ 通过应用程序调用操作系统来操控计算机;
④ 通过应用程序调用其他类型的系统软件(如编译器、数据库管理系统等),再调用操作系统来操控计算机。

3.2.2   操作系统的启动

安装了操作系统后,操作系统大多保存在硬盘之类的外存储器中。当使用计算机时,首先要启动计算机。计算机启动大致分为 BIOS 的运行和操作系统的启动。

计算机启动步骤如图 3-5 所示。

3.2.3   操作系统的主要功能

操作系统位于底层硬件与用户之间,是两者沟通的桥梁。用户可以通过操作系统的用户界面输入命令。操作系统则对命令进行解释,驱动硬件设备,实现用户要求。操作系统的主要功能有处理器管理、存储管理、文件管理、设备管理、作业管理等,下面分别予以介绍。

1. 处理器管理

处理器管理的主要任务是对处理器的使用进行分配,并对其运行进行控制和管理。为了提高 CPU 的利用率,操作系统中一般有若干个程序同时运行,称为"多任务处理"。所谓"任务",是指被装入内存并启动执行的一个应用程序。操作系统就是采用多任务等技术将 CPU 合理地分配给每一个任务。

多任务处理的优点是极大地提高了用户的工作效率和计算机的使用效率。

下面以 Windows 操作系统为例,介绍操作系统对于处理器的管理。操作系统成功启动之后,除了和操作系统相关的一些程序在运行外,用户还可以根据自己的需要启动多个应用程序,这些程序可以互不干扰地独立工作。用户可以通过按 Ctrl＋Alt＋Delete 组合

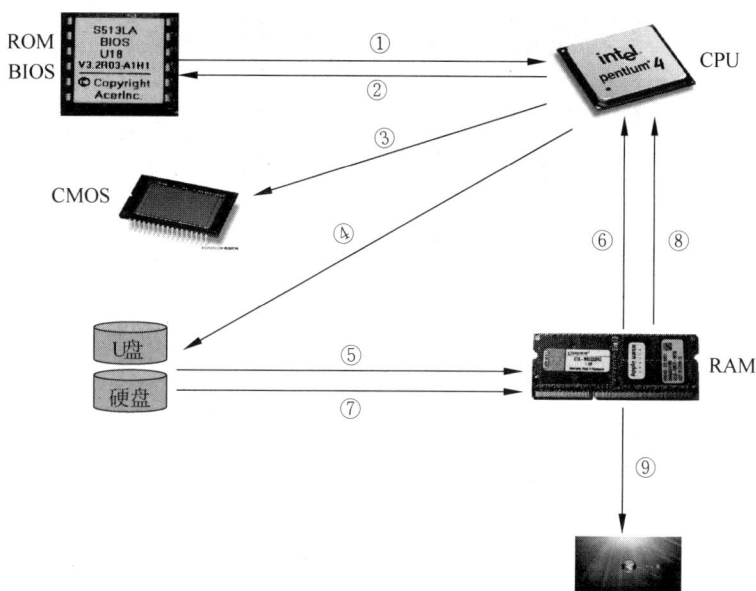

图 3-5　计算机启动过程及操作系统加载过程

① CPU 执行 BIOS 中的自检程序，测试计算机中各部件的工作状态是否正常；

② 执行 BIOS 中的自举程序；

③ 根据 CMOS 的设置，选择启动盘(可以是硬盘或者 U 盘等，默认是硬盘)，在执行引导程序前，用户可以按某
一热键(如 Delete 或 F2、F12 等键，具体看主板 BIOS 的版本)，调整启动盘顺序；

④ 找到启动盘的引导程序；

⑤ 从启动盘的第 1 个扇区中读入主引导记录(MBR)；

⑥ 执行 MBR 中的引导程序，从指定分区中再读入操作系统的装入程序；

⑦ 执行装入的程序，将操作系统装入内存；

⑧ 运行操作系统；

⑨ 成功加载操作系统，显示桌面，计算机处于操作系统的控制之下，等待用户操作。

键打开"Windows 任务管理器"窗口，窗口中有"应用程序""进程""性能""联网""用户"
5 个选项卡。用户可以通过"应用程序"选项卡看到当前运行的应用程序，如图 3-6 所示，
通过"进程"选项卡可以看到系统中的进程对 CPU 和内存的使用情况。

1) 并发多任务

当多个任务同时在计算机中运行时，一个任务通常对应着屏幕上的一个窗口。如果
某个任务需要用户输入信息，屏幕上就会弹出一个对话框，供用户输入。接收用户输入的
窗口只有一个，称为活动窗口，它所对应的任务称为前台任务；其他窗口都是非活动窗
口，它们所对应的任务称为后台任务。活动窗口通常位于其他窗口的最前面，它的标题栏
与非活动窗口颜色深浅不同。如图 3-7 所示，桌面有 4 个窗口，每个窗口都是一个任务，
现在都在同时执行，都获得 CPU 的资源，PowerPoint 的窗口颜色较深，是前台任务，即此
时键盘的操作将对 PowerPoint 软件起作用。

为了实现计算机的多任务，无论是前台任务还是后台任务，都能分配到 CPU 的使用
权(资源)，从而实现多任务同时执行，即所谓并发多任务。

并发的概念可从两个层面去理解：从宏观上看，这些任务是"同时"执行的；从微观

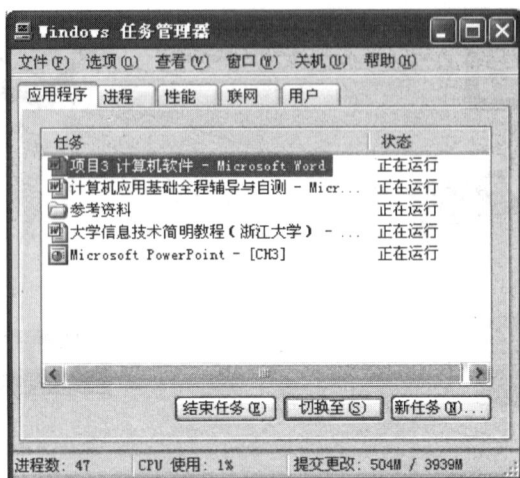

图 3-6   通过任务管理器查看任务执行情况

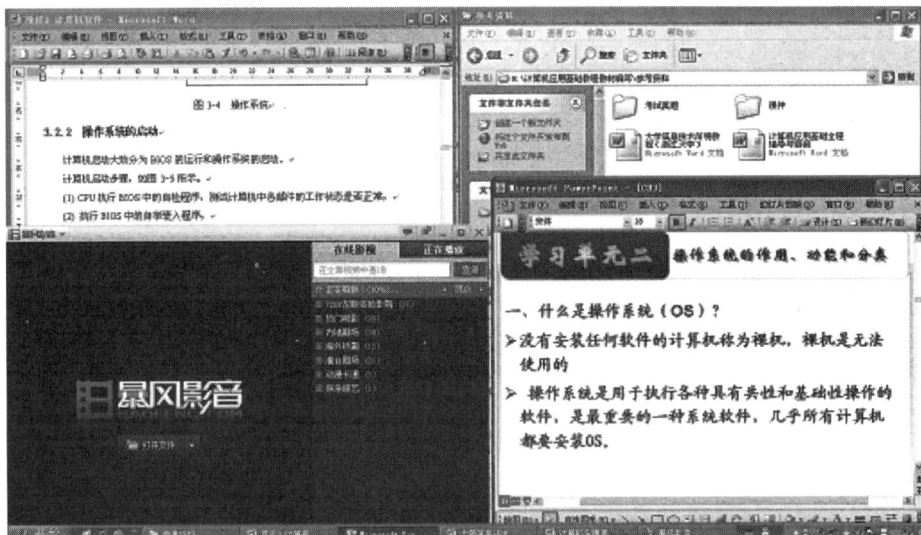

图 3-7   多个正在运行程序的窗口

上看,任何时刻只有一个任务正在被 CPU 执行,即完成这些任务的程序是由 CPU 轮流执行的。

2) 实现并发多任务的策略

Windows 操作系统为了能够实现上述的并发多任务,专门设计了一个调度程序,这个调度程序采用"按时间片轮转"的策略。

如果把 CPU 的时间进行划分(如 1/20s),每段时间就称为"时间片"。当启动多个任务时,为了保证多个任务"同时"执行,操作系统中的调度程序一般通过时间片轮转的原则为这些任务分配处理器,即每个任务轮流得到一个时间片,当时间片用完后,不论这个任务多么重要,调度程序都要把时间片分配给下一个任务;依次循环下去,直至任务完成。

由于 CPU 的处理速度极快,用户就感觉 CPU 在同时执行所有的任务。图 3-8 所示为对应一个 CPU 时间轴,不同时间段执行的任务。微观上看,一个时间段就是执行一个任务。

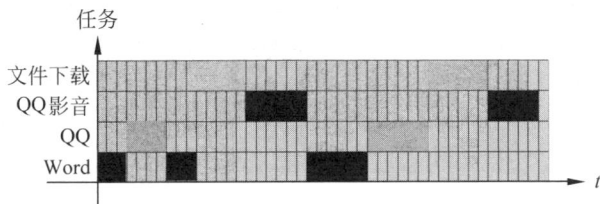

图 3-8　CPU 执行多个任务的调度程序

　　由于不同任务的重要程度不同,请求的迫切程度也不同,所以要通过一定的调度算法来确定任务的优先级,从而决定任务得到处理的先后次序。调度算法有很多种,如先来先服务(FCFS),也就是按时间顺序排队,先到的任务先得到服务;再如短作业优先(SJF),可以照顾到所有作业中占很大比例的短作业,使它们能够比长作业优先执行。调度算法很多也很灵活,这里就不一一列出了。

2. 存储管理

　　虽然计算机的内存容量不断扩大,但限于成本和安装控件等原因,其容量总有限制。在运行规模很大或需要处理大量数据的程序时,内存往往不够用。特别是在多任务处理时,存储器被多个任务共享,矛盾更加突出。因此,如何对存储器进行有效的管理,不仅直接影响到存储器的利用率,而且还对系统的性能有重大影响。所以,存储管理是操作系统的一项非常重要的任务。现在,操作系统一般都采用虚拟存储技术(也称为虚拟内存技术,简称虚存)进行存储管理。

　　虚拟存储技术的基本思想如下:程序员在一个假想的容量极大的虚拟存储空间中编写和运行程序,程序及其数据被划分成一个个"页面",每页为固定大小。在用户启动一个任务而向内存装入程序及数据时,操作系统只将当前要执行的一部分程序和数据页面装入内存,其余的页面放在硬盘提供的虚拟内存中,然后开始执行程序。在程序的执行过程中,如果需要执行的指令或访问的数据不在物理内存中(称缺页),则由 CPU 通知操作系统中的存储管理程序,将所缺的页面从硬盘的虚拟内存调入实际的物理内存,然后执行程序。当然,为了腾出空间来存放将要装入的程序(或数据),存储管理程序也应将物理内存中暂时不使用的页面调出并保存到硬盘的虚拟内存中。页面的调入和调出完全由存储管理程序自动完成,如图 3-9 所示。这样,从用户角度来看,该系统所具有的内存容量比实际的内存容量大得多,这种技术称为"虚拟存储技术"。

　　在 Windows 操作系统中,虚拟存储器是由计算机中的物理内存(主板上的 RAM)和硬盘上的虚拟内存(一个名为 pagefile.sys 的大文件,称为交换文件或分页文件)联合组成的。操作系统通过在物理内存和虚拟内存之间来回地自动交换程序和数据页面,达到下列两个效果:①开发应用程序时,每个程序都在各自独立的容量很大的虚拟存储空间里进行编程,几乎不需要考虑物理内存大小的限制;②程序运行时,用户可以启动许多应

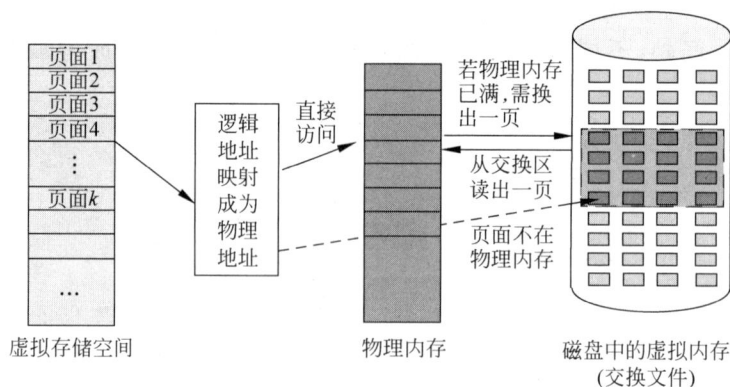

图 3-9　虚拟存储器的工作原理

用程序,其数目不受内存容量的限制(当然,容量小而同时运行的程序很多时,响应速度会变慢,甚至死机),也不必担心它们相互之间会发生冲突。

Windows 系统中的虚拟内存(pagefile.sys 文件)通常位于系统盘的根目录下。用户可以自行设置虚拟内存的大小,也可以指定虚拟内存放在哪个硬盘中。

iOS 操作系统的虚拟内存可以启用也可以关闭。启用虚拟内存之后,如果运行的后台程序太多导致内存紧张,操作系统可以把后台程序中的部分内容放到虚拟内存,释放一部分空间,减缓对内存的压力。

3. 文件管理

在现代计算机管理中,总是把程序和数据以文件的形式存储在外存储器(如硬盘、U 盘等)中供用户使用。为此,操作系统中必须配置文件管理机构,其主要功能包括对文件存储空间的管理、目录管理、文件的读/写管理以及文件的保护。

1)文件及其属性

文件是具有文件名的一组相关信息的集合。

每个文件都有自己的名字,称为"文件名",用户利用文件名来访问文件。在 Windows 中,文件名可以长达 255 个字符,但不能包含下列符号:\、/、:、?、*、"、<、>、|。文件名后面用"."隔开的是扩展名,扩展名决定了文件类型,也就决定了打开该文件的关联程序。用特定的程序建立的文件,其扩展名基本确定。例如,Photoshop 的默认文件扩展名是.psd。又如 Word 文件的扩展名是.doc 或者.docx,当双击这类文件时会用 Word 程序或 WPS 打开。表 3-2 列出了常用的文件扩展名。

表 3-2　常用的文件扩展名

扩展名	说　　明
.doc、.docx	Word 文档,用微软公司的 Word 等打开
.xls、.xlsx	Excel 电子表格,用微软公司的 Excel 打开
.ppt、.pptx	PowerPoint 演示文稿,用微软公司的 PowerPoint 等打开
.txt	纯文本,用记事本、写字板、Word 等都可以打开

扩展名	说　　明
.rar	WinRAR 压缩文件,用 WinRAR 等打开
.htm、.html	网页文件,用浏览器、Adobe Dreamweaver 等打开
.pdf	用 PDF 阅读器打开,用 PDF 编辑器编辑
.dwg	CAD 图形文件,用 AutoCAD 等打开
.exe	可执行文件
.jpg	图形文件、数码相机拍摄照片文件,用各种图像浏览或编辑软件打开
.png	可透明图片,用各种图像浏览或编辑软件打开
.bmp	位图文件,用各种图像浏览或编辑软件打开
.swf	Flash 影片,由 Flash 打开

文件中除了文件名外还有一些文件的说明信息。例如,在 Windows 操作系统中,可在文件的图标上右击,在弹出的快捷菜单中选择"属性"命令,打开"属性"对话框,就可以看到文件类型、文件长度、文件位置(存储在硬盘上的位置)、文件的存取控制、文件的时间(创建、最近修改、最近访问等)、文件的创建者、文件的摘要等。文件的说明信息和文件的具体内容是分开存放的,前者保存在该文件的文件夹中,后者全部保存在硬盘的数据区中。

2) 文件夹(目录)

为了有序地存放文件,操作系统把文件组织在若干个文件目录中。通过目录管理为每个文件建立目录项,并对众多的目录项进行有效的组织,以方便对文件进行按名存取。在 Windows 系统中,文件目录也称为文件夹,它采用多级层次结构(也叫树状结构)。每个硬盘或硬盘分区作为一个根文件夹,包含若干文件夹,每个文件夹中可以包含文件和下一级文件夹,也可以是空的,以此类推形成了多级文件夹结构。

文件夹也有自己的说明信息,除了文件名以外,还包括存放位置、大小、创建时间、文件夹属性(存档、只读、隐藏和系统等)。还可以设置文件夹的共享属性,以便网络上的其他用户可以共享访问该文件夹中的内容。

说明:空文件夹并不占用存储空间,用户可以多使用文件夹,有利于文件分类、管理与保护。

4. 设备管理

设备管理用于管理计算机系统中所有的外围设备。设备管理的主要任务是完成用户进程提出的 I/O 请求;为用户进程分配其所需的 I/O 设备;提高 CPU 和 I/O 设备的利用率;提高 I/O 速度;方便用户使用 I/O 设备。为实现上述任务,设备管理应具有缓冲管理、设备分配和设备处理,以及虚拟设备等功能。

5. 作业管理

所谓作业,是用户在一次算题过程中或一次事务处理中要求计算机系统所做工作的总和,是用户向计算机系统提交一项工作的基本单位。作业由程序、数据和作业说明书组成。作业步是在一个作业的处理过程中,计算机所做的相对独立的工作,由若干进程组成。作业管理的基本功能是负责作业调度和作业控制。作业调度(高级调度)是指计算机从后备作业队列池中选择作业进入执行状态,将程序调入内存,为其分配必要资源,建立进程,插入就绪进程队列,等待进程调度。作业控制主要负责作业如何输入计算机,当作业被选中后如何控制它的执行,在执行过程中如何进行故障处理以及怎样控制计算结果的输出等。

3.2.4 常用操作系统介绍

1. 操作系统分类

1）根据应用领域分

根据应用领域,操作系统分为桌面操作系统、服务器操作系统和嵌入式操作系统。

（1）桌面操作系统：安装在个人计算机上的图形界面操作系统软件。

代表产品有 Windows 系列、mac OS 系列、Linux。Windows 系列占据了大部分市场；mac OS 系列的界面表现极为出色；而 Linux 因和它的发行版共同组成了自由软件组织（开源,免费）,所以也有一定市场。

（2）服务器操作系统：一般是安装在大型计算机上的操作系统,如 Web 服务器、应用服务器和数据库服务器等,是企业 IT 系统的基础架构平台。同时,服务器操作系统也可以安装在 PC 上。

在一个具体的网络中,服务器操作系统要承担额外的管理、配置、稳定、安全等功能,处于每个网络中的心脏部位。

代表产品有 UNIX、Linux、Windows Server、NetWare。

说明：Windows 操作系统系列很多,其中带有 Server 才是服务器操作系统,其余的一般不适合作为服务器操作系统,如 Windows 7/8/10。

（3）嵌入式操作系统：用于嵌入式系统的操作系统,通常包括与硬件相关的底层驱动软件、系统内核、设备驱动接口、通信协议、图形界面、标准化浏览器等。嵌入式操作系统负责嵌入式系统的全部软、硬件资源的分配、任务调度,控制、协调并发活动。

其特点是系统内核小；专用性强；系统精简；实时性高；软件代码要求高质量和高可靠性。

代表产品有嵌入式 Linux、Windows Embedded、VxWorks 等,以及应用在智能手机和平板电脑的 Android、iOS 等。

2）根据所支持的用户数量分

根据所支持的用户数量,可以将操作系统分为单用户操作系统（如 MS-DOS、OS/2）和多用户操作系统（如 UNIX、Windows、Linux 等）。

目前个人计算机上一般安装的是 Windows 系列的多用户多任务操作系统,如 Windows 10。

3）根据源码开放程度分

根据源码开放程度,可以将操作系统分为开源操作系统（如 Linux 等）和闭源操作系统（如 mac OS、Windows 系列）。

4）根据存储器寻址的宽度分

根据存储器寻址的宽度,可以将操作系统分为 8 位、16 位、32 位、64 位、128 位的操作系统。早期的操作系统一般只支持 8 位和 16 位存储器寻址宽度,现代的操作系统如 Linux 和 Windows 10 都支持 32 位和 64 位计算机,而 Windows XP 仅支持 32 位计算机。

5）根据操作系统的使用环境和对作业的处理方式分

从使用环境和对作业处理方式来分,可以将操作系统分为批处理操作系统(如 MVX、DOS/VSE)、分时操作系统(如 Linux、UNIX、mac OS 等)和实时操作系统(如 iEMX、VRTX、RTOS、RT Windows 等)。

实时操作系统是保证在一定时间限制内完成特定功能的操作系统。在一些特殊应用系统,如军事指挥系统、武器控制系统、工业控制系统、电网调度系统和银行交易信息处理系统等,对计算机完成任务有严格的时间约束,要求实时操作系统有很高的可靠性和安全性。

2. 主要操作系统

操作系统的种类很多,各种设备安装的操作系统可从简单到复杂,可从手机的嵌入式操作系统到超级计算机的大型操作系统。目前流行的现代操作系统主要有 Linux、Windows、UNIX。

1）Windows

1980 年 3 月,苹果公司的创始人史蒂夫·乔布斯在一次会议上介绍了他在硅谷施乐公司参观时发现的一项技术——图形用户界面技术。微软公司总裁比尔·盖茨听了后,也意识到这项技术潜在的价值,于是带领微软公司开始了 GUI 软件——Windows 的开发工作。

Windows 是一种为个人计算机和服务器用户所设计的操作系统。Windows 操作系统之所以如此流行,是因为它的功能强大以及易用性,如界面图形化、多用户、多任务、网络支持良好、出色的多媒体功能、硬件支持良好以及众多的应用程序。

2）UNIX

UNIX 是一种分时计算机操作系统,于 1969 年在 AT&T 贝尔实验室诞生。UNIX 是 Internet 诞生的平台,是众多系统管理员和网络管理员的首选操作系统。实际上在网络化的世界里,每一位计算机用户都在直接或间接地与 UNIX 打交道。

UNIX 系统自 1969 年踏入计算机世界以来已有 50 多年。虽然,目前在市场上面临强有力的竞争,它仍然是笔记本电脑、PC、服务器、中小型机、工作站、大(巨)型机上全系列通用的操作系统。而且以其为基础形成的开放系统标准(如 POSIX)也是迄今为止唯一的操作系统标准。就此意义而言,UNIX 不仅是一种操作系统的专用名称,而且是目前开放系统的代名词。

3）Linux

Linux 是 1991 年芬兰赫尔辛基大学的计算机爱好者 Linus Torvalds 设计的,用来替代 Minix 操作系统(由计算机教授 Andrew Tannebaum 编写的一个操作系统示教程序)。这个操作系统可用于 386、486 或奔腾处理器的个人计算机上,并且具有 UNIX 操作系统的全部功能。

Linux 之所以受到广大计算机爱好者的喜爱,主要有两个原因：①它属于自由软件,用户不用支付任何费用就可以获得它及其源代码,并且可以根据自己的需要对它进行必要的修改,无偿使用,无约束地继续传播;②它具有 UNIX 的全部功能,任何使用 UNIX 操作系统或想要学习 UNIX 操作系统的人都可以从 Linux 中获益。

任务 3.3 算法

3.3.1 算法的定义

算法就是解决问题的方法与步骤。经典的算法有很多,如"鸡兔同笼法""秦九韶算法""辗转相除法"等。算法一旦给出,人们就可以直接按照算法去解决问题。因为解决问题所需要的智能已经体现在算法之中,人们唯一要做的就是严格地按照算法的指示去执行。这就意味着算法是将智能与人共享的途径,一旦有人设计出解决某个问题的有效算法,其他人无须成为该领域的专家,只要使用该算法去解决问题即可。

在计算机科学中,算法是指用于完成某个信息处理任务的有序而明确的、可以由计算机执行的一组操作(或指令),它能在有限时间内执行结束并产生结果。尽管由于需要求解的问题不同而使得算法千变万化、简繁各异,但所有的算法都必须满足下列基本要求。

(1) 确定性。算法中的每一条指令都必须有确切的含义,即每一步操作都必须是明确的、无二义性的。在任何条件下,算法都只有唯一的一条执行路径,即对于相同的输入只能得到相同的输出。

(2) 有穷性。算法总是执行了有限的操作之后终止,而不会出现无限循环,并且每一个步骤都在可接受的时间内完成。

(3) 能行性。算法中有待实现的操作都是计算机可以执行的,即在计算机的能力范围之内,且在有限的时间内能够完成。

(4) 输出。算法执行完成之后,至少有一个或多个结果输出(包含参量状态的变化)。算法是否需要输入,要看实际问题的需要,一个算法有零个或者多个外部输入。

算法对于计算机特别重要,因为计算机硬件只是一个被动的执行者,硬件本身能完成的操作非常原始和简单,如果不告诉硬件如何做,它其实什么问题也解决不了。通过把算法表示为程序,程序在计算机中运行时计算机就有了"智能"。由于计算机速度极快,存储容量又很大,因此它能执行非常复杂的算法,很好地解决各种复杂的问题。

3.3.2 算法设计

人们通过长期的研究开发工作,已经总结了许多基本的算法设计方法,如枚举法、迭代法、推理法、回溯法和动态规划法等。算法的设计一般采用由粗到细、由抽象到具体的逐步求精的方法。

问题:任给一组(n 个)整数,如何将它们从小到大进行排序? 如对 $6,7,1,3,9,5,4$ 从小到大进行排序。

解决上述问题可以采用"冒泡排序"算法。"冒泡排序"算法的思路如下。

(1) 首先将第 1 个记录的关键字和第 2 个记录的关键字进行比较,若为逆序(即 r(1) key>r(2) key),则将两个记录交换。

(2) 然后比较第 2 个记录和第 3 个记录的关键字。以此类推,直至第 $n-1$ 个记录和

第 n 个记录的关键字进行过比较为止。

（3）上述过程称作第 1 趟冒泡排序，其结果是关键字最大的记录被安置到最后一个记录的位置上。然后进行第 2 趟冒泡排序，对前 $n-1$ 个记录进行同样操作，其结果是使关键字次大的记录被安置到第 $n-1$ 个记录的位置上……

可通过表 3-3 和表 3-4 来理解上述过程。其中加下画线的表示正在比较的两个数，下一行是上一行的比较结果，加阴影表示已经排好的数。

第 1 趟比较过程如表 3-3 所示。

表 3-3 冒泡排序第 1 趟排序

初始序列	6	7	1	3	9	5	4
第 1 步	6	7	1	3	9	5	4
第 2 步	6	1	7	3	9	5	4
第 3 步	6	1	3	7	9	5	4
第 4 步	6	1	3	7	9	5	4
第 5 步	6	1	3	7	5	9	4
第 6 步	6	1	3	7	5	4	9

第 1 趟完成后，最大值就排在最后了。第 2 趟重新从第 1 个数开始，两两比较，一直比到倒数第 2 个数，直到最后排序完成，如表 3-4 所示。

表 3-4 冒泡排序

第 2 趟	1	3	6	5	4	7	9
第 3 趟	1	3	5	4	6	7	9
第 4 趟	1	3	4	5	6	7	9
第 5 趟	1	3	4	5	6	7	9
第 6 趟	1	3	4	5	6	7	9
第 7 趟	1	3	4	5	6	7	9

3.3.3 算法表示

算法的表示可以有多种形式，如文字说明、流程图表示、伪代码（一种介于自然语言和程序设计语言之间的文字及符号表达方法）和程序设计语言等。

前面例子给出的就是"冒泡排序"算法的文字描述。下面分别给出冒泡排序的流程图表示、伪代码描述和程序设计语言算法表示。

（1）用流程图表示，如图 3-10 所示。

（2）伪代码描述如下。

```
从第 1 个数(i＝0)循环执行以下操作,直到最后一个数 i＝n-1。
{ 嵌套循环,从第一个数(i＝0)循环执行以下操作
  直到未排序的最后一个数 n-i-1
    if ( a[j] > a[j＋1] )
```

```
            { 交换 a[j] 和 a[j+1]的值}
    }
```

（3）程序设计语言算法如下。

```
bubbleSort(int arr[],int n)
{   int temp;
    for(int i = 0; i < n; i++)
      for(int j = 0; j = n- i-1; j++)
        if( a[j]<a[j+1])
        {   temp = a[j+1];
            a[j+1] = a[j];
            a[j] = temp;
        }
}
```

由上面内容可知,用特定的程序设计语言描述一个算法,也会带来很多不便。因为按程序语言的语法规定,往往要编写很多与算法无关而又十分烦琐的语句,如变量的说明、I/O格式描述等。因此,为了集中精力进行算法设计,一般都采用类似于自然语言的"伪代码"来描述算法。

3.3.4　算法分析

一个问题的解决往往可以有多种不同的算法,人们在不同的情况下,对算法可以有不同的选择。

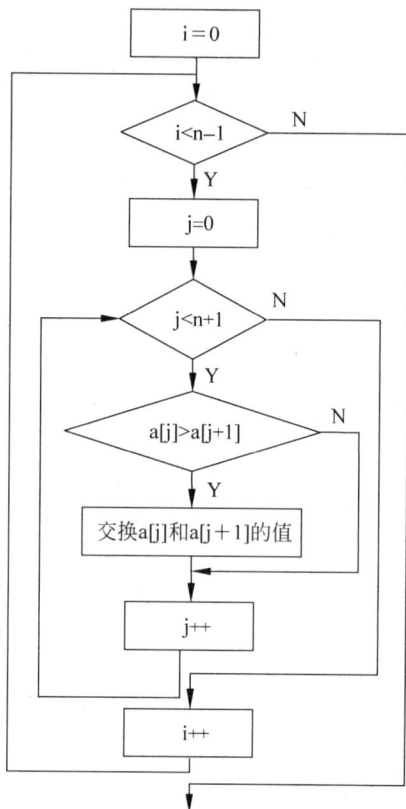

图 3-10　冒泡排序流程图表示

一般而言,算法的选择,除考虑其正确性外,还应考虑以下因素。

（1）执行算法所要占用计算机资源的多少,包括时间资源和空间资源两个方面(也称为时间复杂度和空间复杂度)。

（2）算法是否容易理解,是否容易调试和测试等。

任务 3.4　程序设计语言

人类使用自然语言,计算机使用二进制语言,两者无法通用。因此,需要一种人类能编写能懂,计算机能懂能执行的语言。

程序设计语言也称为编程语言,即编写程序时所采用的用来描述算法过程的某种符号系统。程序设计语言用于编制程序,表达需要计算机完成什么任务和怎样完成任务,然后交给计算机去完成。

程序设计语言分为机器语言、汇编语言和高级语言。

1. 机器语言

机器语言是表示成数码形式的机器基本指令集,或者是操作码经过符号化后的基本指令集,是由若干个 0 和 1 按照一定的规则组成的代码串,如图 3-11 所示。低级语言与特定的机器有关,功效高,但使用复杂、烦琐、费时、易出差错。

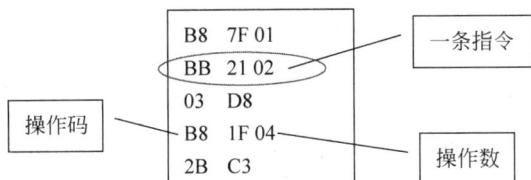

图 3-11　计算 1055-(383+545)的 5 条机器指令

其实,第 2 章中介绍的指令系统就是机器语言,用机器语言编写的程序就可以被计算机直接执行。由于机器语言与硬件的关系十分密切,不同类型计算机的指令系统不同,因此用不同类型计算机的机器语言编写的程序并不通用。而且机器语言程序是用二进制、八进制或十六进制代码编写的,人们难以记忆和理解,后期修改和维护也很困难,所以现在基本不用机器语言编制程序了。

2. 汇编语言

汇编语言用助记符号来代替机器指令中的操作码与操作数,如用 ADD 表示加法、SUB 表示减法、MOV 表示传送数据等。这些助记符号容易理解和记忆,这样就可以使机器指令用符号表示而不再用二进制表示,这种符号化指令通常称为"汇编指令",其与机器指令一一对应,如表 3-5 所示。

表 3-5　机器语言的汇编语言表示

机 器 语 言			汇 编 语 言	含　义
B8	7F	01	MOV AX 383	将 383 传送到 AX 寄存器
BB	21	02	MOV BX 545	将 545 传送到 BX 寄存器
03	D8		ADD BX AX	将 BX 内容加 AX 内容,结果保存在 BX 中
B8	1F	04	MOV AX 1055	将 1055 传送到 AX 寄存器
2B	C3		SUB AX BX	将 AX 内容减 BX 内容,结果保存在 AX 寄存器中

用汇编语言编写的程序比机器语言编写的更直观,也更容易理解记忆,但仍然不够直观简便,且与计算机硬件关系紧密。所以对于程序设计人员来说,硬件知识掌握程度要求相对比较高,仍旧不容易被大多数非专业人士所理解掌握。

3. 高级语言

为了克服汇编语言的缺陷,提高编写程序和维护程序的效率,一种接近人类自然语言的程序设计语言应运而生了,这就是高级语言。

高级语言的表示方法接近解决问题的表示方法,而且具有通用性,在一定程度上与计算机指令系统无关。例如:

```
main()
{   int a,b,max;
    a = 78;b = 89;
    if( a>b)
```

```
        max = a;
    else
        max = b;
    printf("max = % d",max);
}
```

上述程序是利用 C 语言编写的,用于求 a、b 的最大值。由此可见,高级语言比低级语言更接近于待解问题的表示方法,可以看作符号化语句的集合。其特点是在一定程度上与具体机器无关,易学、易用、易维护,克服了汇编语言的欠缺,提高了编写、维护程序的效率。

高级语言虽然接近自然语言,但与自然语言仍有很大差距。高级语言的语法规则极其严格,主要表现在它对语法中的符号、格式等都有专门的规定。其主要原因是高级语言的处理系统是计算机,计算机没有人类的智能,计算机所具有的能力是人预先赋予的,本身不能自动适应变化不定的情况。

高级语言克服了汇编语言的缺陷,提高了编程和维护的效率,使程序设计的难度降低,促使计算机的发展进入新的阶段。

4. 语言基本成分

程序设计语言的种类千差万别。但一般说来,基本成分包括以下 4 种。

(1) 数据:用于描述程序中所涉及的数据(名字、数据类型和数据结构等)。

(2) 运算:用于描述程序中所包含的运算(算术和逻辑运算表达式)。

(3) 控制:用于表达程序中的控制结构(条件语句和循环语句等)。

(4) 传输:用于表达程序中数据的传输(赋值语句、I/O 语句等)。

5. 常用的程序设计语言

迄今为止,各种不同应用的程序设计语言有上千种之多,下面介绍几种目前广泛使用的有影响的通用程序设计语言。

1) C、C++语言和 C♯语言

C 语言是 1972 年由 AT&T 公司贝尔实验室的 D. M. Ritchie 在 BCPL 语言的基础上设计而成,著名的 UNIX 操作系统就是用 C 语言编写的。

C 语言是一种面向过程的结构化程序设计语言。它层次清晰,便于按模块化方式组织程序,易于调试和维护。C 语言的表现能力和处理能力极强。它不仅具有丰富的运算符和数据类型,便于实现各类复杂的数据结构,还可以直接访问内存的物理地址,进行位(bit)的操作。由于 C 语言实现了对硬件的编程操作,兼顾了高级语言和汇编语言的特点,因此 C 语言既可用于系统软件的开发,也适合于应用软件的开发。此外,C 语言还具有效率高、可移植性强等特点,因此广泛地移植到了各种类型计算机上,由此形成了多种版本的 C 语言。

最初比较流行的 C 语言有 Microsoft C(简称 MS C)、Borland Turbo C、AT&T C。这些 C 语言版本不仅实现了 ANSI C 标准,而且在此基础上各自做了一些扩充,使之更加方便、完善。

1983 年,在 C 语言的基础上发展起来了面向对象的程序设计语言 C++,它进一步扩充和完善了 C 语言。C++目前流行的版本是 Microsoft Visual C++。C++语言既有数据抽象和面向对象能力,运算性能高,又能与 C 语言相兼容,使得数量巨大的 C 语言程序能够方便地在 C++语言环境中得以重用。因而 C++语言十分流行,一直是面向对象程序设计的主流语言。

C♯(读作 C Sharp)语言是一种安全的、稳定的、简单的编程语言,是由 C 和 C++衍生出来的面向对象的编程语言。它在继承 C 和 C++强大功能的同时去掉了一些它们的复杂特性(如没有宏以及不允许多重继承)。C♯综合了 VB(Visual Basic)简单的可视化操作和 C++的高运行效率,以其强大的操作能力、优雅的语法风格、创新的语言特性和便捷的面向组件编程的特性成为. NET 开发的首选语言。

2) Java 语言

Java 语言自诞生以来,已经发展成世界上非常流行的编程语言。Java 语言是由 SUN 公司于 1995 年发布的一种面向对象的语言。Sun 公司后来被甲骨文公司(Oracle)并购,Java 也随之成为甲骨文公司的产品。

Java 语言诞生于 C++语言之后,它吸收了 C++语言的各种优点,采用了程序员熟悉的 C++语言的许多语法,同时也去掉了 C++语言中的指针等概念。这样使 Java 语言既功能强大,又简单易用。

Java 语言最大的特点在于"一次编译,处处运行",Java 并不依赖于平台,其执行是基于 Java 虚拟机的。Java 虚拟机可以将源代码编译出字节码文件。在不同的操作系统上只需要与系统匹配的 Java 虚拟机就可以执行字节码文件,从而将 Java 编写的程序运用到任何操作系统上,这样不仅降低了开发复杂度,还提高了开发效率。

3) Python 语言

Python 已经在机器学习、人工智能、大数据分析、图像处理、科学计算领域大显身手,可以说是算法工程师的标配编程语言。

Python 最初由荷兰的吉多·范·罗苏姆(Guido van Rossum)在 1989 年设计。第一个 Python 的公开版本于 1991 年问世。之后,在 Python 的发展过程中,出现了 Python 2. x 和 Python 3. x 两个不同系列的版本,这两个版本之间不兼容。因此在选择版本的时候,应该考虑清楚。

Python 是一种集解释性、编译性、互动性和面向对象等语言特征于一体的脚本语言。Python 相较于 Java、C++这些语言,有相对较少的关键字,结构简单,其程序具有很强的可读性,并且学习难度较低。Python 具有功能极其丰富的第三方程序库和相对完善的管理工具。此外,Python 语言可以跨平台,能够在 UNIX、Windows 和 mac OS 等多个平台上使用,兼容性好。这些优势使其在开发者中大受欢迎并成为人工智能和大数据领域的首选编程语言。

任务 3.5 真题强化

1. 计算机软件系统包括( )。

A. 系统软件和应用软件   B. 程序及其相关数据

C. 数据库及其管理软件   D. 编译系统和应用软件

2. 计算机硬件能够直接识别和执行的语言是（   ）。

    A. C 语言   B. 汇编语言   C. 机器语言   D. 符号语言

3. 有关计算机软件，下列说法中错误的是（   ）。

    A. 操作系统的种类繁多，按照其功能和特性可分为批处理操作系统、分时操作系统和实时操作系统等；按照同时管理用户数的多少分为单用户操作系统和多用户操作系统

    B. 操作系统提供了一个软件运行的环境，是最重要的系统软件

    C. Microsoft Office 软件是 Windows 环境下的办公软件，但它并不能用于其他操作系统环境

    D. 操作系统的功能主要是管理，即管理计算机的所有软件资源，硬件资源不归操作系统管理

4. （   ）是一种符号化的机器语言。

    A. C 语言   B. 汇编语言   C. 机器语言   D. 计算机语言

5. 相对而言，下列类型的文件中，不易感染病毒的是（   ）。

    A. *.txt   B. *.doc   C. *.com   D. *.exe

6. 组成计算机指令的两部分是（   ）。

    A. 数据和字符   B. 操作码和地址码

    C. 运算符和运算数   D. 运算符和运算结果

7. 下列各组软件中，全部属于应用软件的是（   ）。

    A. 程序语言处理程序、数据库管理系统、财务处理软件

    B. 文字处理程序、编辑程序、UNIX 操作系统

    C. 管理信息系统、办公自动化系统、电子商务软件

    D. Word 2016、Windows 10、指挥信息系统

8. 下列各类计算机程序语言中，不属于高级程序设计语言的是（   ）。

    A. Basic 语言   B. C 语言

    C. FORTRAN 语言   D. 汇编语言

9. 操作系统管理用户数据的单位是（   ）。

    A. 扇区   B. 文件   C. 磁道   D. 文件夹

10. 按操作系统的分类，UNIX 操作系统是（   ）。

    A. 批处理操作系统   B. 实时操作系统

    C. 分时操作系统   D. 单用户操作系统

11. 下列叙述中，正确的是（   ）。

    A. 高级语言编写的程序可移植性差

    B. 机器语言就是汇编语言，无非是名称不同而已

    C. 指令是由一串二进制数 0、1 组成的

    D. 用机器语言编写的程序可读性好

12. 汇编语言是一种（   ）。

    A. 依赖于计算机的低级程序设计语言

    B. 计算机能直接执行的程序设计语言

    C. 独立于计算机的高级程序设计语言

    D. 执行效率较低的程序设计语言

13. 下列说法中正确的是(　　　)。

    A. 进程是一段程序

    B. 进程是一段程序的执行过程

    C. 线程是一段子程序

    D. 线程是多个进程的执行过程

14. 微机上广泛使用的 Windows 10 是(　　　)。

    A. 多用户多任务操作系统

    B. 单用户多任务操作系统

    C. 实时操作系统

    D. 多用户分时操作系统

15. Windows 是计算机系统中的(　　　)。

    A. 主要硬件　　　　B. 系统软件　　　　C. 工具软件　　　　D. 应用软件

16. 下列各类计算机程序语言中,不属于高级程序设计语言的是(　　　)。

    A. Visual Basic 语言　　　　　　　　B. FORTRAN 语言

    C. C++ 语言　　　　　　　　　　　　D. 汇编语言

17. 下列软件中,属于应用软件的是(　　　)。

    A. Windows 10　　　　　　　　　　　B. PowerPoint

    C. UNIX　　　　　　　　　　　　　　D. Linux

18. 下列叙述中,正确的是(　　　)。

    A. 用高级语言编写的程序可移植性好

    B. 用高级语言编写的程序运行效率最高

    C. 机器语言编写的程序执行效率最低

    D. 高级语言编写的程序的可读性最差

19. 汇编语言是一种(　　　)。

    A. 依赖于计算机的低级程序设计语言

    B. 计算机能直接执行的程序设计语言

    C. 独立于计算机的高级程序设计语言

    D. 面向问题的程序设计语言

20. 在所列出的:①字处理软件,②Linux,③UNIX,④学籍管理系统,⑤Windows 10/11 和⑥Office 2010 这六个软件中,属于系统软件的有(　　　)。

    A. ①,②,③　　　　　　　　　　　　B. ②,③,⑤

    C. ①,②,③,⑤　　　　　　　　　　D. 全部都不是

21. 用助记符代替操作码、地址符号代替操作数的面向机器的语言是(　　　)。

    A. 汇编语言　　　　　　　　　　　　B. FORTRAN 语言

    C. 机器语言　　　　　　　　　　　　D. 高级语言

22. 操作系统对磁盘进行读/写操作的单位是(   )。

    A. 磁道   B. 字节   C. 扇区   D. KB

23. 下列各类计算机程序语言中,不属于高级程序设计语言的是(   )。

    A. Visual Basic   B. C 语言   C. Python 语言   D. 汇编语言

24. 用高级程序设计语言编写的程序(   )。

    A. 计算机能直接执行

    B. 具有良好的可读性和可移植性

    C. 执行效率高但可读性差

    D. 依赖于具体机器,可移植性差

25. 下列软件中,属于系统软件的是(   )。

    A. 办公自动化软件   B. Windows 10

    C. 管理信息系统   D. 指挥信息系统

26. 计算机系统软件中最核心的是(   )。

    A. 语言处理系统   B. 操作系统

    C. 数据库管理系统   D. 诊断程序

27. 下列叙述中,错误的是(   )。

    A. 把数据从内存传输到硬盘的操作称为写盘

    B. WPS Office 属于系统软件

    C. 把高级语言源程序转换为等价的机器语言目标程序的过程叫编译

    D. 计算机内部对数据的传输、存储和处理都使用二进制形式

28. 计算机软件的确切含义是(   )。

    A. 计算机程序、数据与相应文档的总称

    B. 系统软件与应用软件的总和

    C. 操作系统、数据库管理软件与应用软件的总和

    D. 各类应用软件的总称

29. 下列叙述中错误的是(   )。

    A. 把数据从内存传输到硬盘的操作称为写盘

    B. Windows 属于应用软件

    C. 把高级语言编写的程序转换为机器语言的目标程序的过程叫编译

    D. 计算机内部对数据的传输、存储和处理都使用二进制

任务 3.6　评价与讨论

1. 抛出问题

(1) 简述你会使用哪些通用应用软件。

(2) 结合上机实践,说一说你所使用过的操作系统的类型和特点。

(3) 简述高级程序设计语言编写的程序,需要经过怎样的处理才能被计算机硬件执行?

2. 说一说、评一评

学生在解决问题过程中,分小组讨论,最后选派代表回答问题,其他小组成员及教师给出点评,并从回答问题过程中了解学生对学习目标的掌握情况。

课堂重点突出,培养学生的实际应用能力,教师做好记录,为以后的教学获取第一手材料。

任务 3.7 资料链接

高 德 地 图

在现代科技的飞速发展下,数字地图已经成为人们日常生活中不可或缺的工具。高德地图是一款位置服务类应用软件。早期的高德地图主要为用户提供基本的地图导航服务,然而,随着技术的不断进步,高德地图的功能和数据不断扩展和优化。经过多年的发展,高德地图逐渐成为一个全面的数字地图服务平台,涵盖了导航、实时交通信息、位置搜索、地点评价、城市出行规划等多个功能模块。

高德地图在实时路况和导航方面拥有独特的优势,通过大数据分析和实时监测,高德地图能够提供准确的交通路况信息,包括拥堵、事故等情况,为用户规划出行路线,还能根据交通状况动态调整路线,为用户提供更快捷的导航服务(见图 3-12)。高德地图不仅覆盖汽车出行,还支持多种出行方式,如步行、骑行、公交和地铁等,满足不同用户的出行需求。此外,用户通过高德地图还可以搜寻周边信息,通过几步简单操作,就能查看到周边的商场、餐厅、银行、停车场、超市等详细信息。

图 3-12 高德地图

高德地图的叫车服务,让出行更加便捷,用户可以通过地图直接预约网约车。高德地图集成了多家打车平台,用户可以选择合适的车型和服务,快速叫到车辆,这个功能尤其在交通高峰或天气恶劣时,更显其实用性。

高德地图凭借其强大的特色功能和智慧导航服务,成为人们出行时的得力助手,同时也在城市规划和交通管理方面发挥着越来越重要的作用。它的实时路况查看、智能路线规划、特色语音导航、AR 实景导航、便捷叫车等功能,都为用户带来了全新的出行体验。相信随着科技的不断发展,高德地图将持续不断创新,引领出行新时代。

计算机软件的特性

日常生活中经常使用的还有开源软件、绿色软件等。

开源软件,即开放源码软件,其源码可以被公众使用,并且此类软件的使用、修改和分发也不受许可证的限制。开源软件可以认为是自由软件的发展。

绿色软件是一类小型软件,多数为免费软件,最大特点是软件无须安装便可使用,可存放于 U 盘中(因此称为便携式软件),移除后也不会将任何记录(如注册表信息等)留在本机上。通俗地讲,绿色软件就是指不需要安装、下载,直接可以使用的软件。绿色软件不会在注册表中留下注册表键值,所以相对一般的软件来说,绿色软件对系统的影响几乎没有,所以是一种很好的软件类型,如 ha_GoldWave.exe 就是一款汉化的绿色软件,用于声音编辑处理。

从软件法律保护的角度,可以较为明确地将各种不同软件按其特征纳入不同的法律保护之下。

(1) 全部软件可分为常规性软件和功能性软件。

前者是一般水平的编程人员可以实现的产品,这种软件中凝聚的是编程人员的辛苦、汗水以及投资,而非创造性的智力成果。后者是指具有独创性的软件,这种软件与常规性软件相比水平有明显的提高,软件中凝聚了作者的智力创造成果。

(2) 独创性软件分为作品性软件和功能性软件。

前者是指软件中的作品性成分占比远远大于功能性的软件作品,如游戏软件、界面工具、智能软件等。后者指软件的价值体现在其功能上,它具有创造性的方法和步骤,如系统软件、各种工具软件、各种应用软件等。

(3) 功能性软件又可分为有专利性软件和无专利性软件。

对于具有独创性的软件而言,其创造性有高低之分。其中一小部分软件可以达到"专利三性"的要求而受到专利法的保护,其余绝大部分不能通过"专利三性"的审查,是无专利性的软件。

(4) 专利性软件分为编辑性软件和原创性软件。

其中编辑性软件也称为编辑作品性质的软件,其组成的各个子程序块均无独创性(如从公用程序库中取出的子程序),但在各个子程序块的编排上有独创性。原创性软件是指编程人员自己编写全部代码的软件,随着软件规模的扩大,这种软件的数量会逐渐减少。

虚拟存储技术

1. 虚拟内存技术调度算法

为了使虚拟内存效果好,就需要减少缺页的情况,即提高 CPU 访问数据的命中率。其关键在于页面置换。

选择换出页面的算法称为"页面置换算法"。页面置换算法很多,如先进先出(FIFO)算法,该算法总淘汰最先进入内存的页面;最佳置换(OPT)算法会选择永不使用或者在最长时间内不被访问的页面;最近最久未使用(LRU)算法会选择最近最久未使用的页面予以淘汰。置换算法的好坏直接影响系统的性能,不适当的算法会使刚被换出的页面很快又被访问,必须重新调入,还要再选一页调出,如此频繁地更换页面会使大部分时间都浪费在页面置换工作上,这是人们所不希望的。

2. Windows 的虚拟内存查看与设置

当需要再次运行那些被释放的程序时,Windows 会到 pagefile.sys(虚拟内存是系统盘根目录下的一个名为 pagefile.sys 的文件,用户可设置其大小和位置)中查找内存页面的交换文件,同时释放其他程序的内存页面,再完成当前程序的载入过程。这种互换内存页面的过程被称为"交换"(switch),而用于暂存内存页面的 pagefile.sys 文件则被称为交换文件(switch file),如图 3-13 所示。

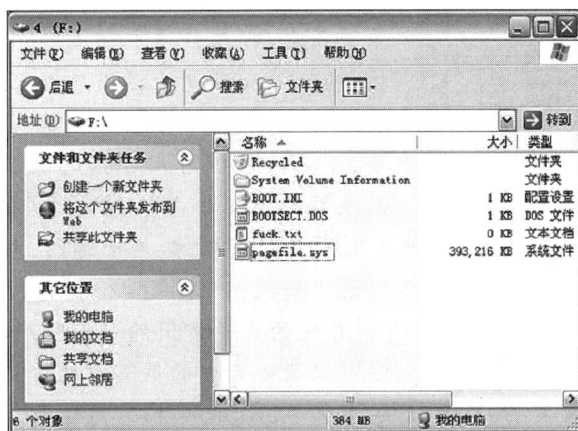

图 3-13　Windows 中的虚拟内存交换文件

注意:

(1) 系统盘内的虚拟内存(系统默认值)是执行最快的、效率最高的。

(2) 虚拟内存过大,既浪费了硬盘空间,又增加了磁头定位的时间,降低了系统执行效率,没有任何好处。Windows 10 系统中虚拟内存设置一般 1GB 即可,不宜过大。

iOS 和 Android 操作系统

1. iOS 操作系统

iOS(原名 iPhone OS)操作系统是苹果公司开发的操作系统,最早用于 iPhone 手机,后来用于 iPod Touch 播放器、iPad 平板电脑和 Apple TV 播放器。它只支持苹果自己的硬件产品,不支持非苹果硬件设备。

iOS 是苹果公司 Mac 计算机(包括台式机和笔记本电脑)使用的 OS X 操作系统经修改而形成的。OS X 和 iOS 的内核都是 Darwin。与 Linux 一样,Darwin 也是一种类 UNIX 的系统,具有高性能的网络通信功能,支持多处理器和多种类型的文件系统。

iOS 操作系统分为 4 层(见图 3-14):操作系统内核、内核服务层、媒体层和触控界面层。操作系统内核的功能与 Windows、Linux 等内核的功能相似。其他三层中包含了许多应用框架(application framework)、组件和函数库。高层框架建立在底层框架之上,底层框架为高层框架和应用程序提供服务。所谓框架,是指一些应用的半成品,是一组可复

触控界面层	UIKit
媒体层	Core Graphics
	Open GL ES
	Core
内核服务层	Core Data
	Foundation
操作系统内核	Darwin

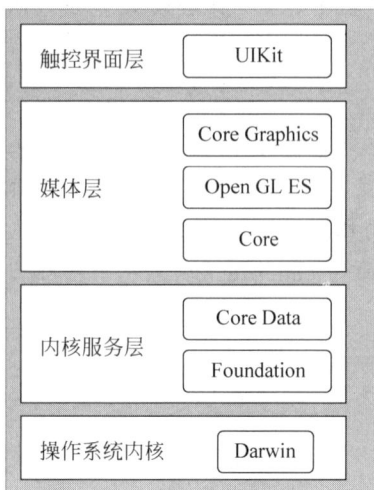

图 3-14　iOS 操作系统的组成

用的组件,供开发人员用来构建应用程序。应用程序大多是在框架的基础上开发而成的,应用程序也必须在这些框架所提供的服务和功能的基础上运行。例如,触控界面层中包含的 UIKit 框架可以用来为应用程序构建和管理用户界面,处理用户的触摸操作,在屏幕上显示文本和 Web 内容,构建定制的界面元素等。

iOS 的用户界面采用多点触控直接操作,用户通过手指在触摸屏上滑动、轻按、挤压及旋转等动作与系统互动,控制计算机进行操作。它只有两个主要按键:Home 键用于退出应用程序回到主界面,长按可开启 Siri 程序,连续按两次可显示后台的应用程序;Power 按键可用于锁定屏幕和开关机器。屏幕的主界面是排成方格形式的应用程序图标,有 4～6 个程序图标被固定在屏幕底部,屏幕上方是状态栏,能显示时间、电池电量和通信信号强度等信息,将状态栏下滑可以显示推送通知栏。

iOS 操作系统内置了苹果公司自行开发的许多常用的应用程序,如邮件、音乐、备忘录、提醒事项、指南针、地图等。为 iOS 移动设备开发的第三方软件必须通过苹果应用商店(App Store)审核和发行,iOS 只支持从 App Store 用官方的方法下载和安装软件。App Store 是苹果公司为 iOS 操作系统所创建和维护的应用程序发布平台,软件开发者或者公司可以将自行开发的软件和游戏上传到 App Store,委托 App Store 发售,用户可以付费或者免费下载。应用程序可以直接下载到 iOS 设备,也可以通过 Mac 或 PC 的 iTunes 软件下载到计算机中。

正常情况下 iOS 操作系统的用户身份不是系统管理员,所以权限很低,许多操作不允许进行。所谓"越狱"就是让用户获取 iOS 最高权限(用户身份改变为根用户)。完成越狱后用户就可以完全掌控 iOS 系统,可以随意地修改系统文件,安装插件,以及下载安装一些 App Store 所没有的软件。不过,iOS 的每一次更新都会清除所有的非法软件。

2. Android 操作系统

Android(安卓)是一个以 Linux 内核为基础的开放源代码的操作系统,目前由 Google 公司和开放手持设备联盟(OHA)开发和维护。Google 的初衷是为智能手机而开发 Android,后来逐渐拓展到平板电脑及其他领域(包括电视机、游戏机、数码相机等)。

Android 操作系统是完全免费开源的(部分组件除外),任何厂商都可以不经过 Google 和 OHA 的授权免费使用 Android 操作系统;但制造商不能在自己的产品上随意地使用 Google 标识和 Google 的应用程序,除非经 Google 认证其产品符合 Google 兼容性定义的要求。

Android 操作系统的内核是基于 Linux 内核开发而成的。为了能让 Linux 在移动设备上良好地运行,Google 对其进行了修改和扩充。Android 系统每年都有新版本发布。

安卓系统把系统中的所有软件分为 4 层,如图 3-15 所示。

第 4 层：应用软件
（主屏幕、电话拨号、联系人、浏览器、电子邮件、日历、地图等）
第 3 层：应用软件框架 （活动管理、窗口管理、内容提供、视图系统、通告管理、包管理、电话管理、资源管理、位置管理、传感器管理、Google Talk 服务等）
第 2 层：系统库 （C 函数库、图像/音频/视频播放与存储的多媒体框架、2D 图形 SGL、安全通信 SSL、3D 绘图 Open-GL、显示管理 Surface Manager、小型 SQL 数据库、网页浏览器核心 WekKit、点阵字和矢量绘制）
第 1 层：Linux 内核 （内存管理、进程管理、安全管理、网络协议栈、电源管理等核心服务；各种驱动程序：显示器、键盘、音频、蓝牙、USB、相机、Wi-Fi、内存卡等）

图 3-15　Android 系统的软件架构

第 1 层（底层）是各种驱动程序和 Linux 内核。第 2 层是系统库和安卓的运行环境。系统库中有大量中间件；运行环境中的核心库提供了 Java 语言 API 中的大多数功能，也包含了 Android 的一些核心 API。Dalvik 是一种非标准的 Java 虚拟机，Java 源程序经编译后，需转化成 DEK 文件才能在 Dalvik 虚拟机上执行。第 3 层是应用软件框架，它包含了许多可重用和可替代的软件组件，如用户界面程序中的各种控件（文本框、按钮等）。Android 系统简化了组件的重用方法，为快速进行应用程序开发提供了方便，它们是 Android 应用程序开发和运行的重要基础。第 4 层是应用软件。Android 系统自身提供了许多常用的应用程序，第三方软件开发商和自由软件开发者还可以开发自己的应用软件。

安卓应用程序的扩展名是 .apk（Android package，Android 安装包）。把 APK 文件直接传到 Android 平板电脑或手机中即可安装运行。APK 文件其实是 ZIP 格式，通过 UnZip 解压得到 Dek 文件后，即可直接运行。

与苹果公司相似，Google 通过网上商店 Google Play（谷歌市场）向用户提供应用程序和游戏，多数为免费软件。同时，用户也可以通过第三方网站下载应用程序。

Android 系统的优势是它的开放性。它允许任何移动终端厂商加入 Android 联盟，因而使其拥有更多的开发者、更多的应用程序和更多的用户，系统更快走向成熟。Android 系统的开放性也带来了更大的市场竞争，用户可以用更低的价位获得更多、更好的应用。

算法复杂度

算法的复杂度包括时间复杂度和空间复杂度。

设计算法要提高效率，效率一般指算法的执行时间。一个程序的运行时间依赖于算法的好坏和问题的输入规模。问题输入规模是指输入量的多少。

例如，有以下两种求和的算法。

第一种算法：

```
int i, sum = 0, n = 100 ;              /* 执行 1 次 */
for(i = 1; i <= n; i++)                 /* 执行 n + 1 次 */
{
    sum = sum + i ;                     /* 执行 n 次 */
}
printf(" % d", sum);                    /* 执行 1 次 */
```

第二种算法：

```
int sum = 0, n = 100;                  /* 执行 1 次 */
sum  = (1 + n) * n/2;                   /* 执行 1 次 */
printf (" % d", sum);                   /* 执行 1 次 */
```

显然，第一种算法执行了 $1+(n+1)+n+1=2n+3$ 次；而第二种算法则执行了 $1+1+1=3$ 次。事实上，两个算法的第一条和最后一条语句是一样的，重点关注的代码其实是中间的部分，把循环看作一个整体，忽略头尾循环判断的开销，那么这两个算法其实就是 n 次与 1 次的差距。算法的好坏显而易见。

空间复杂度是对一个算法在运行过程中临时占用存储空间大小的量度。一个算法在计算机存储器中占用的存储空间，包括存储算法本身占用的存储空间、算法的输入/输出数据占用的存储空间和算法在运行过程中临时占用的存储空间 3 个方面。

算法的时间复杂度和空间复杂度往往是相互影响的。当追求一个较好的时间复杂度时，可能会使空间复杂度的性能变差，即可能要占用较多的存储空间；反之，当追求一个较好的空间复杂度时，可能会使时间复杂度的性能变差，即可能要占用较长的运行时间。另外，算法的所有性能之间都存在着或多或少的影响。因此，当设计一个算法（特别是大型算法）时，要综合考虑算法的各项性能、算法的使用频率、算法处理的数据量的大小、算法描述语言的特性、算法运行的机器系统环境等各方面因素，才能够设计出比较好的算法。

编译程序和解释程序

任何一个语言处理系统通常都包含一个翻译程序，它把一种语言的程序翻译成等价的另一种语言的程序。被翻译的语言和程序分别称为源语言和源程序，而翻译生成的语言和程序分别称为目标语言和目标程序。按照不同的翻译处理方法，翻译程序可分为以下 3 类。

（1）汇编程序：将汇编语言翻译成机器语言。

（2）解释程序：按源程序中语句的执行顺序，逐条翻译并立即执行相应的功能。

（3）编译程序：将高级语言翻译成汇编语言（或机器语言）。

由于汇编语言的指令与机器语言的指令大体上保持一一对应关系，因此汇编程序较为简单。以下只对解释程序和编译程序作简要说明。

1. 解释程序

解释程序对源程序进行翻译的方法相当于两种自然语言间的"口译"。解释程序对源程序的语句从头到尾逐句扫描、逐句翻译，并且翻译一句执行一句，因而这种翻译方式并不形成机器语言形式的目标程序,如图 3-16 所示。

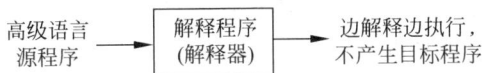

图 3-16　解释程序

解释程序的优点是实现算法简单,且易于在解释过程中灵活方便地插入所需要的修改和调试措施;缺点是运行效率低。

2. 编译程序

编译程序对源程序进行翻译的方法相当于"笔译"。在编译程序的执行过程中,要对源程序扫描一遍或几遍,最终形成一个可在具体计算机上执行的目标程序,如图 3-17 所示。

图 3-17　编译程序

编译程序实现算法较为复杂,但通过编译程序的处理可以产生高效运行的目标程序,并把它保存在磁盘上,以备多次执行。因此,编译程序更适合于处理那些规模大、结构复杂、运行时间长的大型应用程序。

大数据技术

大数据(big data)是指无法在一定时间范围内用常规软件工具进行捕捉、管理和处理的数据集合,是需要重新处理才能具有更强的决策力、洞察发现力和流程优化能力的海量、高增长率和多样化的信息资产。麦肯锡全球研究所给出的定义是:一种规模大到在获取、存储、管理、分析方面大大超出了传统数据库软件工具能力范围的数据集合,具有海量的数据规模、快速的数据流转、多样的数据类型和价值密度低四大特征。

大数据技术的战略意义不在于掌握庞大的数据信息,而在于对这些含有意义的数据进行专业化处理。换言之,如果把大数据比作一种产业,那么这种产业实现赢利的关键在于提高对数据的"加工能力",通过"加工"实现数据的"增值"。

从技术上看,大数据与云计算的关系就像一枚硬币的正反面一样密不可分。大数据必然无法用单台的计算机进行处理,必须采用分布式架构。它的特色在于对海量数据进行分布式挖掘。它必须依托云计算的分布式处理、分布式数据库和云存储、虚拟化技术。

随着云计算时代的来临,大数据也引起了人们越来越多的关注。分析师团队认为,大数据通常用来形容一个公司创造的大量非结构化数据和半结构化数据,这些数据若存储于关系型数据库中用于分析时会花费过多时间和金钱。大数据分析常和云计算联系到一起,因为实时的大型数据集分析需要像 MapReduce 一样的框架来向数十、数百或甚至数千台计算机分配工作。

人们需要特殊的技术来有效地处理大量的数据。适用于大数据的技术,包括大规模并行处理(MPP)数据库、数据挖掘、分布式文件系统、分布式数据库、云计算平台、互联网和可扩展的存储系统。

　　大数据的世界不只是一个单一的、巨大的计算机网络，而是一个由大量活动构件与多元参与者元素所构成的生态系统。它是终端设备提供商、基础设施提供商、网络服务提供商、网络接入服务提供商、数据服务使能者、数据服务提供商、触点服务、数据服务零售商等一系列的参与者共同构建的。而今，这样一套数据生态系统的基本雏形已经形成，接下来的发展将趋向于系统内部角色的细分，也就是市场的细分；系统机制的调整，也就是商业模式的创新；系统结构的调整，也就是竞争环境的调整等，从而使得数据生态系统复合化程度逐渐增强。

　　2016 年 3 月，《中华人民共和国国民经济和社会发展第十三个五年规划纲要》发布，其中第二十七章"实施国家大数据战略"提出：把大数据作为基础性战略资源，全面实施促进大数据发展行动，加快推动数据资源共享开放和开发应用，助力产业转型升级和社会治理创新。具体包括"加快政府数据开放共享"和"促进大数据产业健康发展"两节。

项目 4

计算机网络与因特网

【项目导读】

进入 21 世纪以来,信息技术的快速发展推动了互联网的快速普及,遍布全球的因特网已经来到人们身边,深刻影响着人们的工作、学习和生活方式。在新技术的推动下,世界互联网的发展也日新月异,出现一些新的特点:①传统互联网加速向移动互联网延伸;②物联网将广泛应用;③"云计算"技术将使网民获取信息越来越快捷。

随着互联网技术快速发展演变,近年来,我国互联网发展呈现出 4 个方面的新变化:①在信息形态方面,信息传播形式以文字为主向音频、视频、图片等多媒体形态转变;②在应用领域方面,我国互联网正从信息传播和娱乐消费为主向商务服务领域延伸,互联网开始逐步深入国民经济更深层次和更宽领域;③在服务模式方面,互联网正从提供信息服务向提供平台服务延伸;④在传播手段方面,传统互联网也正在向移动互联网延伸,手机上网成为新潮流。

人们应该深刻认识和把握技术与产业发展的宏观规律,以新一代信息技术和信息网络发展为契机,推动服务和技术的发展,提升信息服务能力。

【职业素养】

(1)了解计算机网络技术发展历史以及发展趋势,能够熟练使用计算机网络。

(2)了解我国的云计算、5G 等先进技术发展现状,增强民族科技自信。

(3)了解计算机网络的应用,提高工作效率。

(4)了解网络安全,以及网络诈骗相关内容,能够保护自己的权益并遵守相关的法律法规和道德规范。

【学习目标】

(1)掌握数字通信技术的基本原理。

(2)掌握计算机网络的组成与分类。

(3)掌握局域网组成及工作原理。

(4)掌握因特网常用服务。

任务 4.1　计算机网络基础

4.1.1　数字通信基础

1. 通信的基本原理

通信的基本任务是传递信息,因而至少需要三要素组成,即信息的发送者(信源)和信息的接收者(信宿)、携带了信息的电(或光)信号,以及信息的传输通道(信道)。通信系统模型如图 4-1 所示。

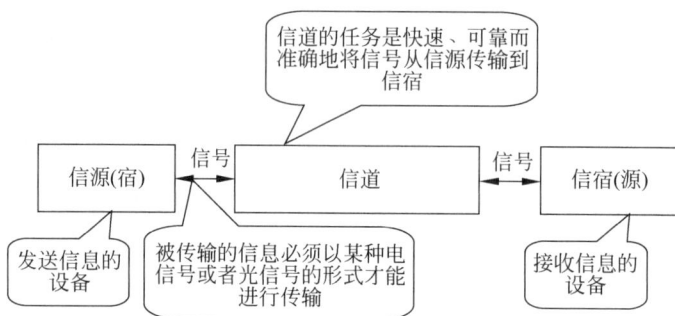

图 4-1　通信系统基本模型

常见信息传输系统中通信系统的各个组成部分如表 4-1 所示。

表 4-1　通信系统各个组成部分

组成部分	有 线 电 话	移 动 电 话	计 算 机 通 信
信源/信宿	电话座机	手机	计算机
信号	语音经电话机转换成为变化的电流信号	语音经电话机转换成为压缩编码后的数字信号	编码并打包后的数字信号
信道	电话线和中继器等传输设备	无线电波、基站等	双绞线、集线器、路由器、光纤等

在计算机网络中,信息是用数据表示并转换成信号进行传送的。信号有模拟信号和数字信号两种形式。模拟信号是指在时间和空间上连续变化的信号,例如,人们打电话时声音经话筒转换得到的信号就是模拟信号。数字信号是指一系列在时间上离散的信号,用电平的高低或电流大小等有限个状态(一般为两个状态)来表示,例如,计算机等现代通信设备发出的信号都是数字信号,如图 4-2 所示。

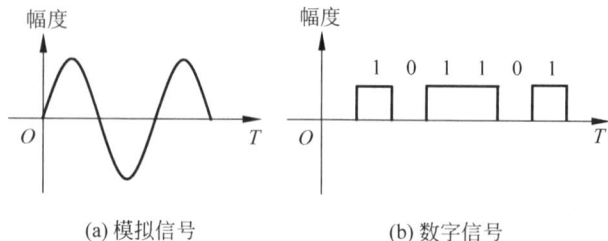

(a) 模拟信号　　　　　　(b) 数字信号

图 4-2　模拟信号与数字信号

模拟信号在传输过程中容易受电磁波的干扰,传输质量不够稳定。随着数字技术的发展,人们将模拟信号转换成数字信号进行传输,或者本身信源发出的就是数字信号,这种通信传输技术称为数字通信。数字通信的可靠性和安全性较模拟通信更高,并且传输的是数字信号,更容易由计算机对其进行存储、处理和管理,故数字通信逐渐成为现代通信的主要方式。当前的手机通信、数字有线电视、固定电话中继通信都是将声音、图像、视频等转换成数字信号进行传输的例子。

2. 多路复用技术

计算机网络通信中用于通信线路架设的费用相当高,需要充分利用通信线路的容量,并且网络中传输介质的传输容量都会超过单一信道传输的通信量。为了充分利用传输介质的带宽,需要在一条物理线路上建立多条通信信道。这种为了提高传输线路的利用率,采用多个数据通信合用一条传输线的技术称为多路复用技术,它可以有效地提高数据链路的利用率,从而使得一条高速的主干链路同时为多条低速的接入链路提供服务,使得网络干线可以同时运载大量的数据。

这种技术主要用到两个设备:①多路复用器,在发送端根据约定规则把多个低带宽信号复合成一个高带宽信号;②多路分配器,根据约定规则再把高带宽信号分解为多个低带宽信号。这两种设备统称为多路器。

常见的多路复用技术主要有频分多路复用、时分多路复用和波分多路复用。

1) 频分多路复用

频分多路复用(frequency-division multiplexing,FDM)是将载波带宽划分为多种不同频带的子信道,每个子信道可以并行传送一路信号的一种多路复用技术。多路原始信号在频分复用前,先要通过频谱搬移技术将各路信号的频谱搬移到物理信道频谱的不同段上,使各信号的带宽不相互重叠;然后用不同的频率调制每一个信号,每个信号都在以它的载波频率为中心,在一定带宽的通道上进行传输。为了防止互相干扰,需要使用抗干扰保护措施来隔离每一个通道。频分多路复用的一般情况如图 4-3 所示。

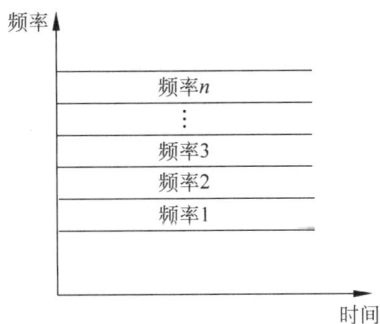

图 4-3　频分多路复用

2) 时分多路复用

时分多路复用(time-division multiplexing,TDM)是将传输信号按时间进行分割的,它对不同的信号在不同的时间内传送,每一个时间间隔叫作一个时间片,每个时间片由复用的一个信号占用。这样,利用每个信号在时间上的交叉,便可在同一物理信道上传输多个数字信号,这实际上是多个信号轮流使用物理介质。时分多路复用一般情况如图 4-4 所示。

3) 波分多路复用

波分多路复用(wavelength-division multiplexing,WDM)是将两种或多种不同波长的光波信号(携带各种信息)在发送端经复用器(又称合波器)汇合在一起,并耦合到光线路的同一根光纤中进行传输的技术。在接收端,经解复用器(又称分波器或称去复用器)

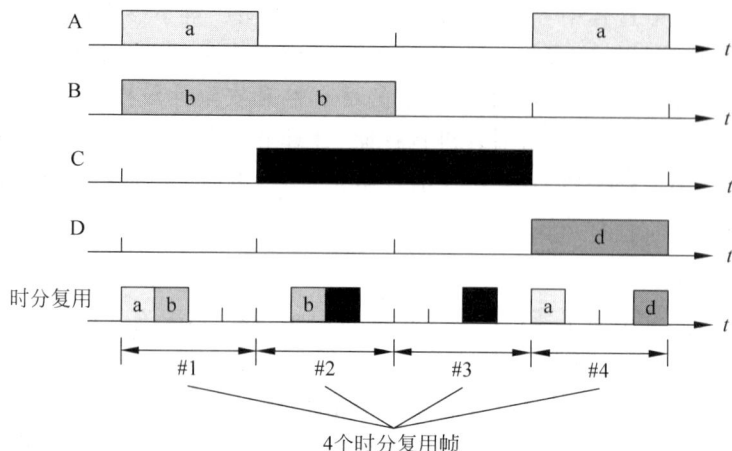

图 4-4　时分多路复用

将各种波长的光载波分离,然后由光接收机作进一步处理以恢复原信号。这种在同一根光纤中同时传输两个或众多不同波长光信号的技术称为波分多路复用。

波分多路复用就是在光纤中的频分复用。波分多路复用的本质是在一条光纤中用不同颜色的光波来传输多路信号,而不同的色光在光纤中传输时彼此互不干扰。波分多路复用是频分多路复用的一个变种,主要应用于全光纤网组成的通信系统,如图 4-5 所示。

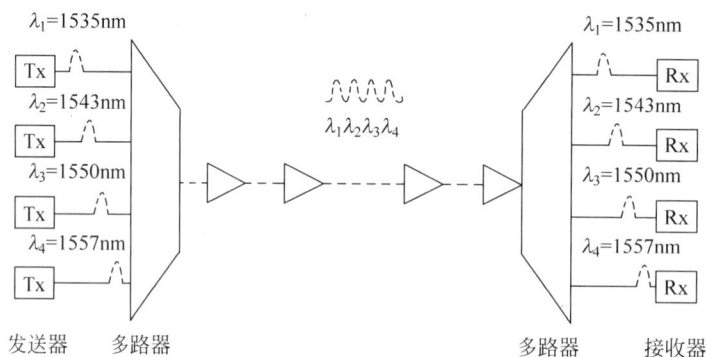

图 4-5　波分多路复用

3．调制解调技术

计算机内的信息是由 0 和 1 组成的数字信号,而在电话线上传送的却只能是模拟信号。于是,当两台计算机要通过电话线进行数据传输时,就需要一个设备负责数模的转换。这个数模转换器就是调制解调器(Modem)。计算机在发送数据时,先由 Modem 把数字信号转换为相应的模拟信号,这个过程称为"调制"。经过调制的信号通过电话载波传送到另一台计算机之前,也要经由接收方的 Modem 负责把模拟信号还原为计算机能识别的数字信号,这个过程称为"解调"。正是通过这样一个"调制"与"解调"的数模转换过程,实现了两台计算机之间的远程通信。

因为高频振荡的正弦波信号在长距离通信中能够比其他信号传送得更远,因此可以把这种高频正弦波作为携带信息的"载波"。故载波信号一般选用频率比被传输信号高得多的正弦波。载波信号的调制方法主要有 3 种：幅度调制、频率调制和相位调制。在调制过程中，振幅 A、角频率 ω、相位 φ 是载波信号的 3 个可变参量。通过改变这 3 个参量实现对数字信号的调制，相对应的调制方式分别为幅度调制（ASK）、频率调制（FSK）、相位调制（PSK），如图 4-6 所示。

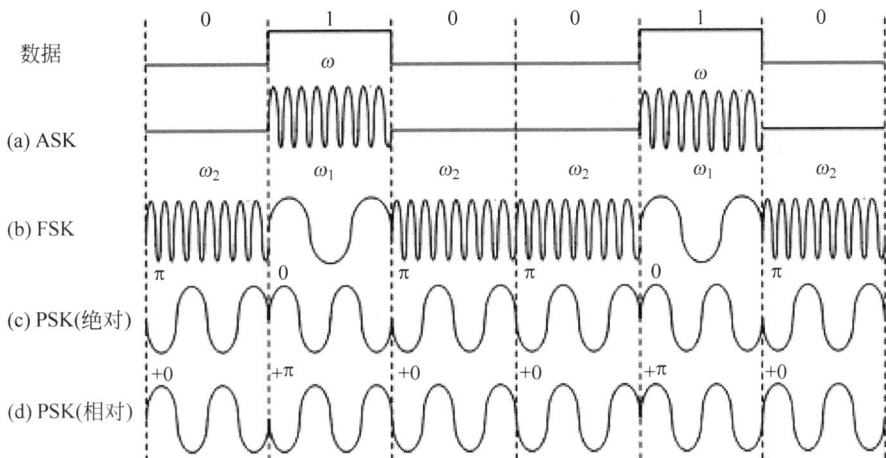

图 4-6 调制解调技术

4. 数据交换技术

在数字通信系统中，当终端与计算机之间，或者计算机与计算机之间不是直通专线连接，而是要经过通信网的接续过程来建立连接时，两端系统之间的传输通路就是通过通信网络中若干节点转接而成的"交换线路"。

"交换"（switching）的含义就是转接，即把一条链路转接到另一条链路，使它们连通起来。从通信资源的分配角度来看，"交换"就是按照某种方式动态地分配传输线路。常用的交换方式有电路交换和分组交换。

1）电路交换

电路交换方式下，把发送方和接收方用物理线路直接连通。类似于电话系统，此方式下的数据通信要求通信的计算机之间必须事先建立物理线路，整个电路交换的过程包括建立线路、占用线路并进行数据传输、释放线路 3 个阶段。

（1）建立线路：发送方向接收方发送一个请求，该请求通过中间节点传输至终点；如果中间节点有空闲的物理线路可用，则接受请求，分配线路，并将请求传输到下一个中间节点。整个过程持续进行，直至终点。线路一旦被分配，在未释放之前，其他站点将无法使用。

（2）数据传输：在已经建立的物理线路上，发送方和接收方进行数据传输。

（3）释放线路：当数据传输完毕，执行释放线路的动作。线路被释放之后，进入空闲状态，可供其他站点通信使用。

2）分组交换

分组交换技术是计算机技术发展到一定程度时的技术产物，是指在每个数据分组的前面加上一个分组头,用以指明该分组发往何地址,然后由交换机根据每个分组的地址标志,将它们转发至目的地。这一过程称为分组交换。

进行分组交换的通信网称为分组交换网。从交换技术的发展历史看,数据交换经历了电路交换、报文交换、分组交换和综合业务数字交换的发展过程。分组交换实质上是在"存储—转发"基础上发展起来的。分组交换在线路上采用动态复用技术传送按一定长度分割为许多小段的数据分组。为每个分组做标识后,在一条物理线路上采用动态复用技术,同时传送多个数据分组。把来自用户端的数据暂存在交换机的存储器内,接着在网内转发。到达接收端,再去掉分组头将各数据字段按顺序重新装配成完整的报文。分组交换比电路交换的电路利用率高,比报文交换的传输时延小,交互性好。

为了使每一个数据包均能正确地送达到目的计算机,分组交换机每收到一个包,就要根据包中的目的计算机地址去查内部存储的一张表(该表在路由器中称为路由表,在交换机中称为 MAC 表),然后根据表中的信息从相应的端口转发出去。网络中的每台分组交换设备都有自己的转发表,并且该表是根据所连接的计算机、交换机、路由器的连接情况自动计算得到的,每当网络中的设备以及链路状况发生改变时,转发表就会重新计算和修改。

分组交换网具有如下特点:①分组交换具有多逻辑信道的能力,故传输线路利用率高;②可实现分组交换网上的不同码型、速率和规程之间的终端互通,灵活性较高;③由于分组交换具有差错检测和纠正的能力,故电路传送的误码率极小,数据通信比较可靠;④分组交换的网络管理功能强。

4.1.2 计算机网络传输介质

要使网络中的计算机能正常通信,必须提供一条正常的物理通道,在这条通道上,信息可以通过某种形式从一台计算机传递到另一台计算机,这条通道在网络中称为传输介质。传输介质决定了网络的传输速率、网络段的最大长度、传输的可靠性及网卡的复杂性。

通常意义上的网络传输介质的类型、特点及其应用领域如表 4-2 所示。

表 4-2 网络传输介质的类型、特点及其应用领域

介　质		优　缺　点	应 用 领 域
有线	双绞线	优点:成本低 缺点:易受外部高频电磁波干扰,误码率较高;传输距离有限	固定电话本地回路、计算机局域网
	同轴电缆	优点:传输特性和屏蔽特性良好,可作为传输干线长距离传输载波信号 缺点:成本较高	固定电话中继线路、有线电视接入
	光缆	优点:无中继通信距离长;数据传输速率高,通信容量大;抗辐射能力强;屏蔽性好,抗干扰能力强,低误码率和低延迟;不易被窃听,安全性和保密性好;重量轻,便于运输和敷设 缺点:精确连接两根光纤很困难	光缆是当今各种信息网(如电话、电视等通信系统的远程干线,计算机网络的干线)的主要传输介质

续表

介　质		优　缺　点	应　用　领　域
无线	微波、红外线、激光等	优点：建设费用低，抗灾能力强，容量大，无线接入使得通信更加方便 缺点：易被窃听、易受干扰	广播、电视、移动通信系统、计算机无线局域网

1. 双绞线

双绞线是局域网中最常用的一种传输介质，由两根具有绝缘保护层的铜导线组成，把它们互相缠绕在一起可以降低信号干扰的程度。一根双绞线电缆中可包含多对双绞线，连接计算机终端的双绞线电缆通常包含 4 对双绞线（8 根铜导线）。双绞线既可以传输模拟信号也可以传输数字信号。

双绞线可分为屏蔽双绞线（见图 4-7（a））和非屏蔽双绞线（见图 4-7（b））两种。屏蔽双绞线的内部信号线外面包裹着一层金属网，在屏蔽层外面是绝缘外皮，屏蔽层能够有效地隔离外界电磁信号的干扰。和非屏蔽双绞线相比，屏蔽双绞线的传输效率较高。

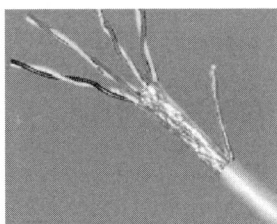

(a) 屏蔽双绞线　　　　　　(b) 非屏蔽双绞线

图 4-7　屏蔽双绞线和非屏蔽双绞线

2. 同轴电缆

同轴电缆也是局域网中被广泛使用的一种传输介质，如图 4-8 所示。同轴电缆由内部导体和外部导体组成，内部导体可以是单股的实心导线，也可以是多股的绞合线。外部导体可以是单股线，也可以是网状线。同轴电缆可以用于长距离的电话网络、有线电视信号的传输信道以及计算机局域网络。

图 4-8　同轴电缆

根据带宽和用途不同，可以将同轴电缆分为基带同轴电缆和宽带同轴电缆。基带同轴电缆的屏蔽线是用铜做成的，其特征阻抗值为 50Ω，常用于计算机局域网中；宽带同轴电缆的屏蔽线是用铝冲压成的，其特征阻抗值为 75Ω，常用于 CATV 网，故称为 CATV 电缆，传输带宽可达 1GHz，目前常用的 CATV 电缆的传输带宽为 750MHz。

3. 光纤

在现在的大型网络系统中，绝大多数采用光导纤维（简称光纤）作为主干网络传输介质。相对其他传输介质，光纤具有高带宽、低损耗、抗电磁干扰性强、安全性高等优点，也正因为如此，在光纤中传输的信号不易被窃听，因而利于保密。

光纤通常由透明度极高的石英玻璃拉成细丝作为纤芯,外面分别由包层、吸收外壳和防护层等构成,图 4-9 所示是一根光纤剖面的示意图。包层较纤芯有较低的折射率。当光线从高折射率的媒体射向低折射率的媒体时,其折射角将大于入射角,如图 4-10(a)所示。因此,如果入射角足够大,就会出现全反射,即光线碰到包层时就会折射回纤芯。这个过程不断重复,光也就沿着光纤向前传输。图 4-10(b)所示为光波在纤芯中传输的示意图。

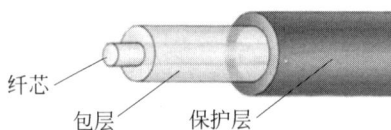

纤芯
包层　保护层

图 4-9　光纤剖面的示意图

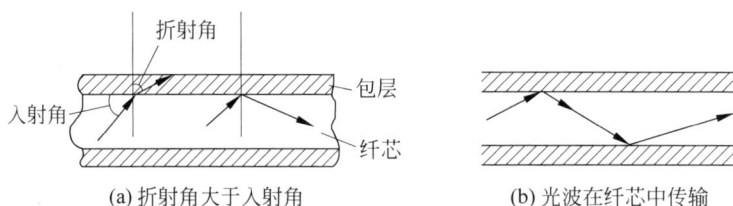

折射角
入射角
包层
纤芯

(a) 折射角大于入射角　　　　(b) 光波在纤芯中传输

图 4-10　光线射入光缆和包层界面时的情况

4. 电磁波

通过在自由空间利用电磁波发送和接收信号进行通信就是无线传输。无线传输所使用的电磁波频段很广,人们现在已经利用了好几个波段进行通信。紫外线和更高的波段目前还不能用于通信。无线通信的传输介质常用的有微波、蓝牙和红外线等。

4.1.3　微波通信与移动通信

无线电波通过自由空间时能量比较分散,传输效率没有有线通信高,同时,无线通信存在易被窃听、易受干扰等缺点。

1. 微波通信

微波的频率范围为 300MHz～300GHz,既可传输模拟信号又可传输数字信号。微波通信使用微波信号作为载波信号,用被传输的模拟信号或数字信号来调制它,故微波通信是模拟传输。由于微波的频率很高,故可同时传输大量信息。又由于微波能穿透电离层不会被反射到地面,故只能使微波沿地球表面由源向目标直接发射。微波在空间是直线传播的,而地球表面是一个曲面,因此其传播距离受到限制,一般只有 50km 左右。为了传输得更远,每隔几十千米都要设置一个微波收发站,负责将微波传输至下一个微波接力站,这种方式称为微波地面接力通信。总之,微波具有直线传播、通信容量大、可靠性高、建设费用低、抗灾能力强等特点。

微波通信不需要固体介质,当两点间直线距离内无障碍时就可以使用微波传送。利用微波进行通信具有容量大、质量好并可传至很远的距离的优点,因此是国家通信网的一种重要通信方式,也普遍适用于各种专用通信网。

2. 移动通信

移动通信属于微波通信的一种,它是指移动体之间的通信。移动通信系统由移动台、基站、移动交换中心组成。若要同某移动台通信,移动交换中心通过各基站向全网发出呼叫,被叫台收到后发出应答信号,移动交换中心收到应答后分配一个信道给该移动台并从此话路信道中传送一信令使其振铃,并完成通信。移动通信系统中的每个基站覆盖的有效区域既相互分割,又彼此有所重叠,整个移动通信网络就像是"蜂窝",所以也叫"蜂窝式移动通信",如图 4-11 所示。

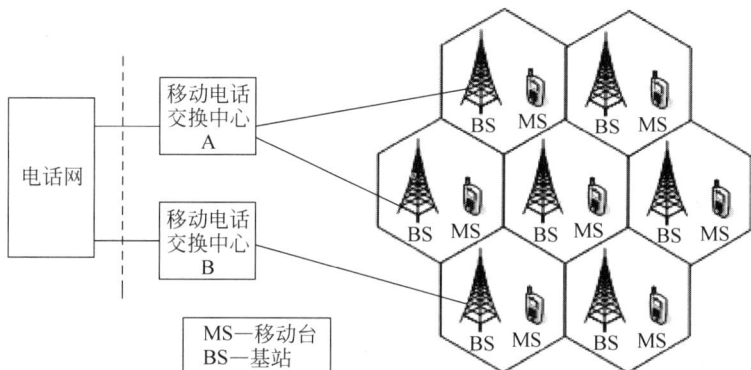

图 4-11　蜂窝式移动通信

第一代移动通信技术(1G)采用的是模拟传输技术,仅限语音的蜂窝电话标准制定于 20 世纪 80 年代。

第二代移动通信技术(2G)在移动通信中采用了数字技术。2G 技术可分为基于 GSM 标准和基于 CDMA 标准两种,这取决于使用的复用技术类型。此外,2G 也支持相对较慢的数据通信(GPRS),但主要的功能还是语音和文字通信。

第三代移动通信技术(3G)是一种支持高速数据传输的蜂窝移动通信技术。3G 技术能够同时传送声音及数据信息,速率可达 200Kb/s～3.6Mb/s,它能够处理图像、音乐、视频流等多种媒体形式,提供包括网页浏览、电话会议、电子商务等多种信息服务。中国支持 3 个无线接口标准,分别是中国电信的 CDMA2000、中国联通的 WCDMA 和中国移动的 TD-SCDMA。3 种不同标准的网络是互通的,但通信终端设备(手机)互不兼容,故选择手机时需了解使用的是何种 3G 技术。

第四代移动通信技术(4G)集 3G 与 WLAN 于一体,并能够传输高质量视频图像,它的图像传输质量与高清晰度电视不相上下。4G 系统能够以 10Mb/s 的速度下载,比拨号上网快 200 多倍,上传的速度也能达到 5Mb/s,并能够满足几乎所有用户对于无线服务的要求。2013 年 12 月 4 日,工业和信息化部向中国联通、中国电信、中国移动正式发放了第四代移动通信业务牌照(即 4G 牌照),此举标志着中国电信产业正式进入了 4G 时代。

第五代移动通信技术(5G)是 4G 技术的延伸。5G 网络的理论下行速度为 10Gb/s(相当于下载速度为 1.25GB/s)。整部超高画质电影可在数秒内下载完成。

4.1.4　计算机网络的概念、组成与分类

1. 计算机网络概述

计算机网络是指将地理位置不同的具有独立功能的多台计算机及其外部设备，通过通信线路连接起来，在网络操作系统、网络管理软件及网络通信协议的管理和协调下，实现资源共享和信息传递的计算机系统。一般来说计算机网络有以下主要功能。

1）数据通信

数据通信是计算机网络的基本功能，用以实现计算机间的各种信息（包括文字、声音、图像、动画等）的传送，以及对地理位置分散的单位进行集中的管理与控制，使不同部门、不同单位甚至不同国家间的计算机可以相互通信、传送数据，进行信息交换，如收发电子邮件、网上聊天、IP 电话、视频会议等。

2）资源共享

资源共享是指共享计算机系统的硬件、软件和数据，目的是让网络上的用户无论处于何处都能使用网络中的程序、设备、数据等资源，也就是说，用户使用千里之外的数据就像使用本地数据一样。资源共享主要分为以下 3 个部分。

（1）硬件资源共享：包括打印机、大容量存储设备、高速处理器和各种专用设备。

（2）软件资源共享：包括语言处理程序、服务程序和很多网络软件，如电子设备软件、办公管理软件、杀毒和实时监控软件等。

（3）数据资源共享：包括各种数据库、数据文件，如电子图书库、成绩库、新闻、科技动态信息等都可以放在网络数据库或文件里供大家查询使用。

3）提高计算机系统的可靠性和可用性

网络中的计算机尤其是服务器可以互为后备，一旦某台计算机出现故障，可以由网络中的其他备份计算机替代工作，而不影响网络服务的运行。

4）实现分布式信息处理

在计算机网络中，对于综合性大型问题可以采用合适的算法将任务分散到不同的计算机上进行处理。各计算机连成网络也有利于共同协作进行重大科研课题的开发和研究。利用网络技术还可以将许多小型机或微型机连成具有高性能的分布式计算机系统，使它具有解决复杂问题的能力，从而使费用大为降低。当前流行的"云"技术就是利用分布式信息处理和存储的最好例子。

2. 计算机网络的组成

计算机网络一般由以下部分组成。

（1）计算机及各种数字设备。个人计算机、笔记本电脑、服务器等传统意义的计算机是网络的主体，但随着各种设备的智能化和网络化，越来越多的数字设备如智能手机、平板电脑、智能手表、互联网电视机顶盒、各种网络监控设备，甚至家用电器等都可以接入计算机网络，它们统称为网络的终端设备。

（2）数据通信链路。用于数据传输的各种线缆（如双绞线、光缆、同轴电缆）与电磁波，以及各种连接网络的通信控制设备（交换机、路由器、调制解调器、网卡等）构成了网络

的数据通信链路。

（3）网络通信协议。协议是用来描述两个进程间信息交换规则的术语。在计算机网络中，相互通信的双方处在不同的地理位置，两个进程间相互通信，需要交换信息来使它们的动作协调一致达到同步，而信息交换必须按照预先约定好的规则进行。这种在计算机网络中通信双方都必须遵守的规则称为网络协议。常见的网络协议有 HTTP、FTP、SMTP 等。

（4）网络操作系统。网络操作系统（NOS）是网络的心脏和灵魂，是向网络中计算机提供服务的特殊的操作系统。它在计算机操作系统下工作，使计算机操作系统增加了网络操作所需要的能力。网络操作系统运行在称为服务器的计算机上，并由联网的计算机用户共享服务。常见的网络操作系统有以下三类：①微软公司的 Windows 服务器版，如 Windows Server，一般用在中低档服务器中。②UNIX 系统，如 IBM 公司的 AIX、HP 公司的 HP-UNIX、SUN 公司的 Solaris、SGI 公司的 IRIX 等，这类系统功能强大，稳定性和安全性好，但对服务器硬件要求较高，主要用在大型网站和大型公司的专用服务器中。这类系统专用性较强，不同公司的系统和服务器互不兼容，如 IBM 公司的 AIX 系统无法安装到 HP 公司的大型服务器上。③Linux 操作系统，其最大的特点是源代码开放，可以免费得到很多应用软件，目前在很多企业的中低端服务器中应用。

（5）网络应用程序。给网络提供各种网络服务和网络应用的各种应用软件，如电子邮件程序、浏览器程序、即时通信软件 QQ、在线视频直播程序、各种网络游戏程序等，为用户提供多样化的应用。

3. 计算机网络的分类

计算机网络的分类方法很多，可以从不同的角度对计算机网络进行分类。常用的分类方法有按网络覆盖的地理范围分类、按网络的拓扑结构分类、按传输技术分类、按网络的应用领域分类等。

按网络覆盖的地理范围的大小，可以把计算机网络划分为局域网（local area network，LAN）、城域网（metropolitan area network，MAN）和广域网（wide area network，WAN）3 种类型。

1）局域网

局域网是指在一个有限的地理范围内（几千米以内）将计算机、外部设备和网络互联设备连接在一起的网络系统，常应用于一幢大楼、一个学校或一个企业内。例如，在一个教学楼里，将分布在不同教室或办公室里的计算机连接在一起组成局域网。LAN 技术是专为短距离通信而设计的，目的是在短距离内使互联的多台计算机进行通信。LAN 技术最直接、最显著的作用是资源共享。例如，一个宿舍的若干台计算机连接组建的网络，或者一个大学的校园网都是局域网。

2）城域网

城域网基本上是一种大型的 LAN，一般使用与 LAN 相似的技术，它的覆盖范围介于局域网和广域网之间。接入 MAN 的计算机通常分布在一些较小的行政辖区内，这种范围较局域网要大得多。在城域网中的许多局域网借助一些专用网络互联设备连接到一起，即使没有接入某局域网的计算机也可以直接接入城域网，从而访问网络中的资源。各个城市的公安网(连接整个城市各个公安机构的网络)以及有线电视网就是典型的城域网。

3) 广域网

利用行政辖区的专用通信线路将多个城域网互联在一起便构成了广域网。当今人们广泛使用的因特网便是广域网中的一种。广域网的组成已非个人或某个团体的单独行为,而是一种跨地区、跨部门、跨行业、跨国的社会行为。

现在,因特网是覆盖全球的最大的计算机广域网,它由大量的局域网、城域网和公用数据网等互联而成,是一种计算机网络的网络。

4. 计算机网络的工作模式

硬件、软件、数据都是计算机的资源。网络中的计算机可以扮演两种不同的角色:客户和服务器。客户(client)是指需要使用其他计算机资源的计算机或其他终端设备;服务器(server)是指提供资源(如数据文件、磁盘空间、打印机、处理器等)给其他计算机使用的计算机。每一台联网的计算机,其"身份"或者是客户,或者是服务器,或者两种身份兼而有之。

计算机网络有两种基本的工作模式:对等模式和客户/服务器模式。

1) 对等模式

在对等(peer to peer,P2P)网络中,所有计算机地位平等,没有从属关系,也没有专用的服务器和客户。网络中的资源是分散在每台计算机上的,每一台计算机都有可能成为服务器也有可能成为客户,一般对等网络中的计算机在几十台以内。对等网络能够提供灵活的共享模式,组网简单、方便,不需要专门的硬件服务器,也不需要网络管理员,但难于管理,安全性能较差。它可满足一般数据传输的需要,所以一些小型单位在计算机数量较少时可选用对等网结构。如 Windows 操作系统中的"网上邻居",网络传输中的 BitTorrent(BT 下载)、eMule(电驴)、迅雷,以及即时通信工具 QQ 等采用的都是对等工作模式。

2) 客户/服务器模式

客户/服务器(C/S)模式的特点是网络中的每一台计算机都扮演着固定的角色,要么是服务器,要么是客户。服务器大多是一些专门设计的性能较高的计算机,并发处理能力强,存储容量大,网络数据传输速率高。其工作模式如下:客户向服务器发出请求,服务器响应请求完成相应的处理,并将结果返回给客户,如图 4-12 所示。C/S 模式的典型应用有 WWW 服务、FTP 文件服务、打印服务、电子邮件、数据库服务等。

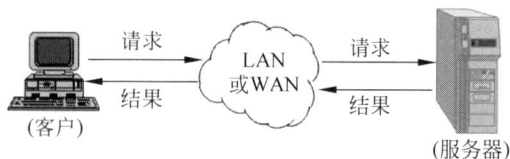

图 4-12　客户/服务器工作模式

5. 数据通信的主要技术指标

数据通信的主要技术指标是衡量数据传输有效性和可靠性的参数,主要有数据传输速率、带宽、误码率、端到端延迟等。

(1) 数据传输速率。在数字信道中,比特率是数字信号的传输速率,它用单位时间内传输的二进制代码的有效位(bit)数来表示,其单位用每秒比特数(b/s)、每秒千比特数(Kb/s)或每秒兆比特数(Mb/s)来表示(此处 K 和 M 分别为 1000 和 1000000,而不是涉及计算机内部存储器容量时的 2^{10} 和 2^{20})。

(2) 带宽。衡量计算机网络中数据链路性能的重要指标是"带宽",即通信链路允许的最大数据传输速率,它与采用的传输介质、信号的调制解调方法、交换器的性能等密切相关。例如,通过电话线拨号上网,其带宽为 56Kb/s;校园网一般带宽为 100Mb/s,甚至1000Mb/s。

(3) 误码率。误码率是衡量通信系统在正常工作情况下传输可靠性的重要指标。误码率是指二进制码元在传输过程中被传错的概率。它等于错误接收的码元数在所传输的总码元中所占的比例。在计算机网络中一般要求数字信号误码率低于 10^{-6}。

(4) 端到端延迟。信息传输的延迟是指数据从信源(源计算机)到信宿(目的计算机)所花费的时间。

任务 4.2　局域网技术

4.2.1　局域网的组成

1. 局域网的特点

局域网是在一个局部的地理范围内(如一个学校、工厂和机关内,一般是方圆几千米以内),将各种计算机、外部设备和数据库等互相连接起来组成的计算机通信网。它可以通过数据通信网或专用数据电路,与远方的局域网、数据库或处理中心相连接,构成一个较大范围的信息处理系统。局域网严格意义上是封闭型的,它可以由办公室内几台甚至上千上万台计算机组成。决定局域网的主要技术要素为网络拓扑、传输介质与介质访问控制方法。

局域网一般为一个部门或单位所有,建网、维护以及扩展等较容易,系统灵活性高。其主要特点如下。

(1) 覆盖的地理范围较小,只在一个相对独立的局部范围内,如一座大楼或集中的建筑群内,由单位自行建设和管理。

(2) 使用专门铺设的传输介质进行联网,数据传输速率高(10Mb/s～10Gb/s)。

(3) 通信延迟时间短,一般为几毫秒至几十毫秒,可靠性较高。

(4) 出错率低,局域网一般都使用有线传输介质,两个站点之间具有专用通信线路,使数据传输有专一的通道,故误码率低,一般为 10^{-12}～10^{-8}。

(5) 局域网可以支持多种传输介质。

2. 局域网的分类

局域网有很多不同类型,若按网络使用的传输介质分类,可分为有线网和无线网;若按网络各种设备连接的拓扑结构分类,可分为总线拓扑、星状拓扑、环状拓扑、树状拓扑、混合型拓扑等；若按传输介质所使用的访问控制方法分类，又可分为以太网、令牌环网、FDDI网和无线局域网等。其中，以太网是当前应用最普遍的局域网技术。

3. 局域网的组成

局域网由网络硬件(包括网络服务器、网络工作站、网络打印机、网络接口卡、网络互联设备等)、各种网络传输介质以及网络软件所组成。其中，网络接口卡(NIC，简称网卡)也称为网络适配器。在网络中，每台计算机都需要安装1块网卡，每块网卡都有1个全球唯一的48位二进制编号，称为介质访问地址(MAC)，也称为该计算机的物理地址。在局域网中，通过MAC可以实现数据通信，网卡的任务是负责发送和接收数据，CPU将它视为输入/输出设备。

局域网使用分组交换技术，数据在传输时，会被划分为很多个数据块(称为帧，frame)，并且每次只传输一帧。数据帧的具体格式如下。

源计算机 MAC 地址	目的计算机 MAC 地址	控制信息	有效载荷(传输的数据)	校验信息

网卡从网络上每收到一个帧，就检查其中的MAC，如果是送往本机的帧，则收下进行处理；否则就将此帧丢弃，不做任何处理。

网卡的主要功能如下。

(1) 在计算机与网络之间建立一个通信链路(link)，通过传输介质发送信息和接收信息。

(2) 将数据分成帧，以帧为单位发送和接收信息。

(3) 将计算机的输出信息转换为适合网络传输的信号。

目前，按传输速率可将网卡分为10Mb/s网卡(10Base-T)、100Mb/s网卡(100Base-T)、10/100Mb/s自适应网卡、100/1000Mb/s自适应网卡。按产品形态，网卡分为独立网卡(有线、无线网卡)、集成网卡(由主板芯片组实现网卡功能)。

4.2.2 常用局域网

以太网(Ethernet)是目前应用最广泛的一类局域网。其核心技术是随机争用型介质访问控制技术，即带有冲突碰撞检测的载波侦听多路访问(CSMA/CD)技术。CSMA/CD是一种适用于总线结构的分布式介质访问控制技术，用来解决多节点如何共享公用总线传输介质的问题。

目前以太网可以采用多种连接介质，包括同轴电缆、双绞线和光纤等。其中，双绞线多用于从主机到集线器或交换机的连接，主要采用5类、超5类或者6类双绞线，大量用于速率为100Mb/s和1000Mb/s的快速以太网；而光纤则主要用于交换机间的级联和交换机到路由器间的点到点链路上；同轴电缆作为早期的主要连接介质已经逐渐趋于淘汰。

1. 共享式以太网

共享式以太网以集线器(Hub)为中心，每台计算机通过以太网卡和双绞线连接到集线器的一个端口，通过集线器与其他节点相互通信。在共享式以太网中，如果一个节点要发送数据，它将以"广播"方式把数据通过作为公共传输介质的总线发送出去，连在总线上的所有节点都能"收听"到发送节点发送的数据信号。集线器的功能是把一个端口接收到的帧以"广播"方式向所有端口分发出去,并对信号进行放大,以扩大网络的传输距离,起着中继器的作用。共享式以太网实质上采用的是总线拓扑结构,如图 4-13 所示,每一时刻只允许一对计算机间进行数据帧传输,通信效率较差,如一台 100Mb/s 的集线器上连接了 4 台计算机,则每台计算机获得的平均带宽是 25Mb/s。由于它这方面的固有缺陷,目前被以交换机为核心的交换式以太网所代替。

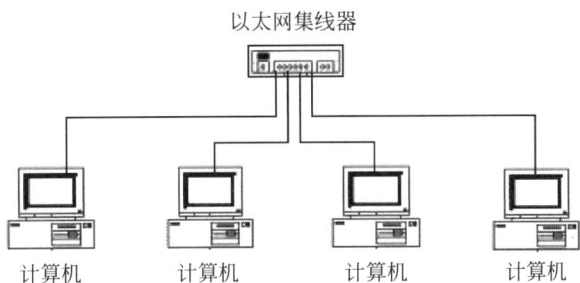

图 4-13　共享式以太网的常见拓扑结构

2. 交换式以太网

对于传统的共享介质以太网来说,当连接在 Hub 中的一个节点发送数据时,它使用广播方式将数据传送到 Hub 的每个端口。因此,共享介质以太网的每个时间片内只允许有一个节点占用公用通信信道。传输效率较低,已经不适合有很多节点的局域网。

交换式以太网从根本上改变了"共享介质"的工作方式。以太网交换机支持交换机端口间的多个并发连接,能够实现多节点间数据的并发传输。交换式以太网的核心设备是以太网交换机,它是一种高速电子交换器,连接在交换机上的所有计算机均可同时相互通信。以太网交换机可以有多个端口,有的端口可以连接计算机节点,有的端口用来连接另一台以太网交换机。典型的交换式以太网结构如图 4-14 所示。

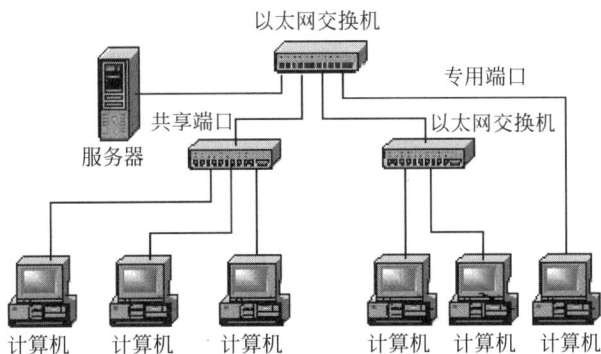

图 4-14　典型的交换式以太网结构

因此,交换式以太网可以通过增加网络带宽来改善局域网的性能与服务质量。共享式以太网和交换式以太网的对比如表 4-3 所示。如一台 100Mb/s 的交换机连接了 4 台计算机,则每台计算机获得最大带宽是 100Mb/s,即每台计算机独享 100Mb/s 带宽。

表 4-3　共享式以太网和交换式以太网的异同

共享式以太网	交换式以太网
Hub 向所有计算机发送数据帧(广播),由计算机选择接收	交换机按 MAC 将数据帧直接发送给指定的计算机
总线拓扑结构	星状拓扑结构
一次只允许一对计算机进行数据帧传输	允许多台计算机同时进行数据帧传输
所有计算机共享一定的带宽	每台计算机各自独享一定的带宽
共同点：数据帧和 MAC 格式相同,使用的网卡也相同	

3. 高速局域网

1) 千兆以太网

千兆以太网是建立在以太网标准基础之上的技术。千兆以太网和百兆以太网完全兼容,并利用了原以太网标准所规定的全部技术标准,其中包括 CSMA/CD 协议、以太网帧、全双工、流量控制以及 IEEE 802.3 标准中所定义的管理对象。作为以太网的一个组成部分,千兆以太网也支持流量管理技术,它保证在以太网上的服务质量。千兆以太网已经发展成为主流网络技术。大到成千上万人的大型企业,小到几十人的中小型企业,在建设企业局域网时都会把千兆以太网技术作为首选的高速网络技术。千兆以太网技术已经取代 ATM 技术,成为城域网建设的主力军。

2) 万兆以太网

万兆以太网是一种数据传输速率高达 10Gb/s、通信距离可延伸 40km 的以太网。它是在以太网的基础上发展起来的,因此,万兆以太网和千兆以太网一样,在本质上仍是以太网,只是在速度和距离方面有了显著的改善。万兆以太网继续使用 IEEE 802.3 以太网协议,以及 IEEE 802.3 的帧格式和帧大小。但由于万兆以太网是一种只适用于全双工通信方式,并且只能使用光纤介质的技术,所以它不需要使用带冲突检测的载波监听多路访问(CSMA/CD)技术。我国的华为第五代高端核心路由器 Quidway NetEngine 80/40 也具有平滑升级至万兆的能力。Quidway 系列万兆路由器和交换机的推出,标志着我国大容量核心路由器和以太网交换机的设计技术已经迈入国际一流水平,这不仅是我国核心网通信技术发展的一次重大突破,并将为我国信息化的进一步深入开展提供更加强劲的发展动力。

4. 无线局域网

无线局域网是以太网技术与无线通信技术相结合的产物,随着无线局域网技术的发展,人们越来越深刻地认识到,无线局域网不仅能够满足移动和特殊应用领域对网络的要求,还能覆盖有线网络难以涉及的范围。无线局域网作为传统局域网的补充,目前已成为局域网应用的一个热点。

1990 年,IEEE 802 标准化委员会成立 IEEE 802.11(Wi-Fi)无线局域网(WLAN)标准工作组,专门从事无线局域网的研究。现在比较通行的标准是 802.11b 和 802.11g。

无线网络由无线网卡、无线接入点等组成。其中,无线接入点(wireless access point, WAP)提供从无线节点对有线局域网和从有线局域网对无线节点的访问,实际上就是一个无线交换机,类似移动通信中的"基站"。WAP 使用扩频方式通信,具有抗干扰、抗噪声能力。室外覆盖距离通常可达 100~300m,室内一般为 30m 左右。目前,市场上大多数 WAP 都可以支持 30~100 台计算机接入。当然,现在无线局域网还不能完全脱离有线网络,它只是有线网络的补充。

当前,随着移动智能设备(平板电脑、智能手机)的快速普及,人们对无线局域网的需求越来越大。这些设备都内置无线网卡,只有接入无线局域网才能发挥它们更大的网络功能。在没有无线 Wi-Fi 信号的区域如果想让移动智能设备也能接入宽带,可以在 4G 或者 5G 手机中运行诸如 Wi-Fi Tether 类的软件,临时将手机作为 WAP,供其他设备无线接入。

构建无线局域网的另一种技术是蓝牙(Bluetooth),它是一种支持设备短距离通信(一般为 10m 内)的无线电技术。能在包括移动电话、PDA、无线耳机、笔记本电脑、相关外设等众多设备之间进行无线信息交换。利用蓝牙技术,能够有效地简化移动通信终端设备之间的通信,也能够成功地简化设备与因特网之间的通信,从而使数据传输变得更加迅速高效,为无线通信拓宽道路。蓝牙采用点对点及点对多点通信技术,工作在全球通用的 2.4GHz ISM(即工业、科学、医学)频段,其数据速率为 1Mb/s。采用时分双工传输方案实现全双工传输。

任务 4.3　因特网的组成

因特网始于 20 世纪 60 年代末,是全球性的网络,是一种公用信息的载体,是大众传媒的一种,具有快捷性、普及性,是现今最流行、最受欢迎的传媒之一。这种大众传媒比以往的任何一种通信媒体都要快。因特网是由一些使用公用协议相互通信的计算机连接而成的网络,即广域网、局域网及单机按照一定的通信协议组成的国际计算机网络。

4.3.1　TCP/IP

计算机网络是一个复杂的系统,相互通信的计算机需要高度协调才能完成预定的数据传输任务,计算机间必须依据一定的通信协议,约定数据传输的方式,保证两台或者多台计算机之间数据传输无误。

计算机网络通信协议采用"分层"方法进行设计,把庞大而复杂的问题转化为较小的局部问题。最著名的结构有两种模型:开放系统互联(OSI)参考模型和 TCP/IP 模型。OSI 模型是国际标准化组织(ISO)提出的,它将网络分成 7 层,概念清楚但过于复杂,运行效率低,没有得到市场的认可。而 TCP/IP 模型起源于 1969 年美国国防部赞助的 ARPAnet——世界上第一个采用分组交换技术的通信网,因结构相对简单,得到很多大公司的采用,随着 Internet 的迅速发展,得到广泛的使用,已经成为事实上的标准。

TCP/IP 分为 4 层,分别是网络接口层、网络层、传输层和应用层。每一层都包含若干协议,整个 TCP/IP 一共包含 100 多种协议,并随着网络技术的发展,协议数仍在继续增加。在所有的协议中,TCP(传输控制协议)和 IP(Internet 协议)是其中两个最基本、最重要的协议,因此通常用 TCP/IP 来代表整个协议系列。图 4-15 给出了每个层的名称以及包含的主要协议和功能。

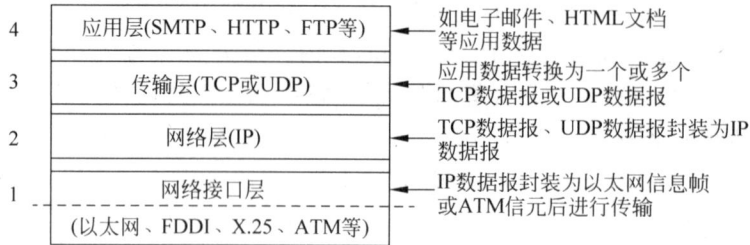

图 4-15   TCP/IP 分层结构

1) 网络接口层

网络接口层是 TCP/IP 分层结构的底层,规定了怎样与各种不同的物理网络(如以太网、FDDI 网、X.25、ATM 网)进行连接,负责接收 IP 数据报并通过网络发送 IP 数据报,或者从网络上接收物理帧,取出 IP 数据报,并把它交给网络层。网络接口层一般是设备驱动程序,如以太网的网卡驱动程序。

2) 网络层

网络层规定了在整个互联的网络中所有计算机统一使用的编址方案和数据报格式(IP 数据报),主要功能是处理来自传输层的分组,将分组形成数据包,并为数据包进行路径选择,最终将数据包从源主机通过一个或者多个路由器发送到目的主机。在网际层中,最常用的协议是 IP 协议,其他一些协议用来协助 IP 协议的操作。

3) 传输层

传输层(TCP 和 UDP)提供应用程序间的通信,规定了怎样进行端到端的数据传输,TCP 提供了可靠的数据传输,用在不允许数据出错的应用中,如电子邮件的传送和网页的下载,而使用 UDP 协议时网络只是尽力进行数据传输,不保证传输的可靠性,一般用在允许出现小概率丢包现象的数据传输应用中,如收听在线音视频和进行视频聊天时使用 UDP。

4) 应用层

应用层用于提供网络服务,如文件传送服务(FTP)、远程登录(Telnet)协议、域名服务(DNS)、WWW 服务(HTTP)和简单邮件传送服务(SMTP)。

因特网是基于 TCP/IP 实现的,TCP/IP 协议集由很多协议组成,不同类型的协议又被放在不同的层,其中,位于应用层的协议就有很多,如 FTP、SMTP、HTTP。只要应用层使用的是 HTTP,就称为万维网(world wide web,WWW)。在浏览器里输入百度网址时,就能看到百度网提供的网页,就是因为个人浏览器和百度网的服务器之间使用 HTTP 交流和传输信息。

4.3.2   Internet 网络地址

Internet 将世界各地的大大小小的公司网、政务网、校园网等不同网络互联起来,这些网络上又有数量不等的计算机接入,为了使用户能够方便、快捷地找到因特网上的信息的提供者,或信息的目的地(两者统称为主机),首先必须解决如何识别网络上的主机的问题。在网络中,主机的识别依靠地址,就像人们发信件必须在信封上写上收发件人地址

（地址是全世界唯一的），所以 Internet 在统一全网的过程首先要解决地址统一的问题。Internet 采用一种全局通用的地址格式，为全网的每个网络和每台主机都分配一个 Internet 地址，IP 的重要功能就是保证在整个 Internet 网络中使用统一的地址。

1. IP 地址

1）IPv4 简介

IP 第 4 版（简称 IPv4）规定，每个 IP 地址由 32 位二进制数组成，如 10011010 11011101 11001100 00101101，为了方便理解和记忆，它采用了点分十进制标记法，即将 4 个字节的二进制数转换成 4 个十进制数值，每个数值小于或等于 255，数值中间用“.”隔开。例如，上述二进制数可以表示为 154.221.204.45。例如，搜狐公司的 WWW 服务器（www.sohu.com）在 Internet 上的地址是 101.227.172.11，邮件服务器（mail.sohu.com）的地址是 220.181.90.34。具体格式如图 4-16 所示。

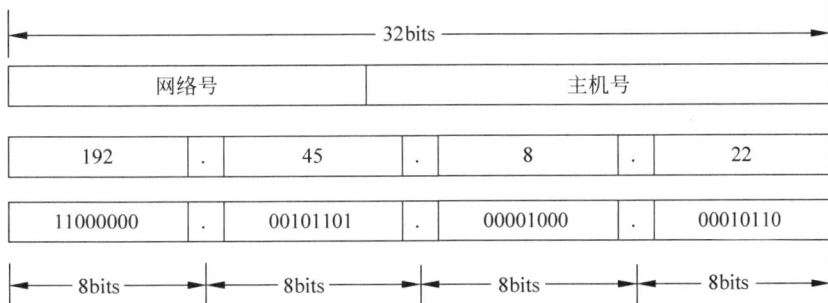

图 4-16　IP 地址组成

为了确保 IP 地址在 Internet 网上的唯一性，就像每家的住址也是全世界唯一的，IP 地址统一由美国国防部数据网络信息中心 DDNNIC 分配。对于美国以外的国家和地区，DDNNIC 又授权给世界各大区的网络信息分配中心。总之，要加入 Internet，就必须申请一个合法的 IP 地址。

2）IP 地址的分类

根据网络规模的不同，IP 分为以下五类：A 类、B 类、C 类、D 类和 E 类，划分方法如图 4-17 所示。

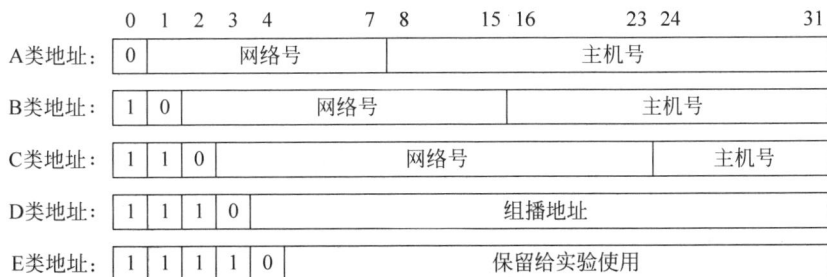

图 4-17　IP 地址划分原理

其中，A 类、B 类、C 类地址是基本的 Internet 地址，提供给用户使用。D 类地址称为组播地址(多点播送地址),而 E 类地址尚未使用,保留给特殊用途。IP 地址最左边的一个或多个二进制位通常用来指定网络的类型。例如,A 类地址的第一位为 0,B 类地址的前两位为 10,C 类地址的前 3 位为 110。例如,IP 地址 192.168.115.28 为 C 类地址,18.15.89.2 为 A 类地址。具体分类和应用如表 4-4 所示。

表 4-4　IP 地址分类表

分类	第一字节数字范围	应　　用	单网段最大主机数
A	1～126	大型网络	16777214
B	128～191	中等规模网络	65534
C	192～223	小型局域网	254
D	224～239	备用	
E	240～254	Internet 实验和开发	

3) 几种特殊的 IP 地址

(1) 网络地址。主机号各位全为 0 的 IP 地址不能分配给主机使用,它是用来标识本网络的网络地址。例如,C 类地址 202.102.192.68 中,网络号占 24 位,主机号占 8 位,因此它的网络地址是 202.102.192.0,主机号是 68。

(2) 广播地址。IP 具有两种广播地址形式,即直接广播地址和有限广播地址。

① 直接广播地址:主机号各位全为 1 的 IP 地址,它用于将一个分组发送给特定网络上的所有主机,即对全网广播。例如,一个 C 类网络的网络地址是 202.102.192.0,则该子网的直接广播地址是 202.102.192.255。

② 有限广播地址:网络号和主机号都为 1 的 IP 地址(即 255.255.255.255),它对当前网络进行广播。若一台主机在运行引导程序,但又不知道其 IP 地址,需要向服务器获取 IP,这时用该地址作为目的地址发送分组。

(3) 回送地址。A 类网络地址 127.0.0.1 是一个保留地址,用于网络软件测试及本地机进程间通信,叫作回送地址。任何一个 IP 数据报,若它的目的地址是回送地址,基于 TCP/IP 的软件不会将该数据报在网络传播,而是直接返回本机。也可以在命令模式下执行 ping 127.0.0.1 命令来查看计算机是否安装 TCP/IP。

(4) 本地地址。如果一个公司网络不需要接入因特网,但需要在其网络上运行 TCP/IP,最佳选择是使用本地地址。本地地址不需要从因特网管理机构申请,任何组织都可以使用这些地址。这些地址在一个组织内部是唯一的,虽然从全局来看不是唯一的。同时,本地地址只可以在局域网内部使用,因特网的路由器不转发目标地址为本地地址的数据包。本地地址如表 4-5 所示。

表 4-5　Internet 的保留 IP 地址空间

类型	网　络　号	网络数
A 类	10.0.0.0	1
B 类	172.16.0.0～172.32.0.0	16
C 类	192.168.0.0～192.168.255.0	256

4）子网掩码

在数据的传递过程中,需要根据发送数据的主机的 IP 地址确定该主机的网络地址,TPC/IP 体系用子网掩码来区分 IP 地址中的网络地址和主机地址,子网掩码由一连串的 1 和一连串的 0 组成,1 对应于 IP 地址中网络地址字段,而 0 对应于主机地址字段,为了使用方便,子网掩码也采用 IP 地址的点分十进制方法。不同类型的 IP 地址对应的默认子网掩码如下。

(1) 对于 A 类网络,标准的子网掩码为 255.0.0.0。

(2) 对于 B 类网络,标准的子网掩码为 255.255.0.0。

(3) 对于 C 类网络,标准的子网掩码为 255.255.255.0。

为了表示方便,通常在 IP 地址后加一个“/网络号和子网号位数”。例如,210.45.12.58/28 就表示该 IP 地址的网络号和子网号共占用 28 位,主机号占用 4(32－28)位。如果用二进制数表示法表示,则子网掩码为 11111111.11111111.11111111.11110000,用点分十进制数表示法表示为 255.255.255.240。

通过子网掩码和 IP 地址可以确定主机所在的网络地址和主机地址,方法如下。

(1) 将子网掩码和 IP 地址转换为二进制的形式。

(2) 将 IP 地址与子网掩码进行与运算,得到 IP 地址的网络号。

(3) 将子网掩码取反后再与 IP 地址进行与运算,得到 IP 地址的主机号。

例如,某 IP 地址为 192.168.10.50,子网掩码为 255.255.255.0,其网络号为 192.168.10.0,主机号为 0.0.0.50。

5）IPv6

现在使用的第二代互联网 IPv4 技术,核心技术属于美国。它的最大问题是网络地址资源有限,从理论上讲,可编址 1600 多万个网络、40 多亿台主机。但采用 A 类、B 类、C 类三类编址方式后,可用的网络地址和主机地址的数量大打折扣,以至 IP 地址已于 2011 年 2 月 3 日分配完毕。其中北美占有 3/4,约 30 亿个,而人口最多的亚洲只有不到 4 亿个。早在 2008 年,中国的 IPv4 地址数量超过 1 亿,达到世界第二位,相比中国的计算机上网总数仍然非常紧缺。

一方面是地址资源数量的限制,另一方面是随着电子技术及网络技术的发展,计算机网络将进入人们的日常生活,可能身边的每一样东西都需要接入因特网。在这样的环境下,IPv6 应运而生。单从数量级上来说,IPv6 所拥有的地址容量是 IPv4 的约 8×10^{28} 倍,达到 2^{128} 个。这不但解决了网络地址资源数量的问题,同时也为除计算机外的设备联入互联网在数量限制上扫清了障碍。当前主流的操作系统 Windows、mac OS 均支持 IPv6。

2. 路由器

路由器是互联网的重要节点设备。路由器通过路由决定数据的转发,转发策略称为路由选择(routing),这也是路由器名称的由来(router,转发者)。路由器是连接异构网络(不同技术的局域网和广域网)的关键设备,屏蔽了各种网络的技术差别,将 IP 数据报正确快速地送达目的计算机。作为不同网络之间互相连接的枢纽,路由器系统构成了基于 TCP/IP 的国际互联网络 Internet 的主体脉络,也可以说,路由器构成了 Internet 的骨架。它的处理速度是网络通信的主要瓶颈之一,它的可靠性则直接影响着网络互联的质量。

因此,在园区网、地区网乃至整个 Internet 领域中,路由器技术始终处于核心地位,其发展历程和方向,成为整个 Internet 技术发展的一个缩影。

路由器可以是一台专用设备,也可以是具有多个网络端口的计算机,它具备多个输入端口和输出端口(至少需要两个端口,一个输入,一个输出),每个端口必须根据所连接的网络配置 IP 地址参数,路由器根据相应配置完成路由选择并转发数据包。随着技术的发展,路由器还可以根据网络的需要划分多个子网平衡网络负载,并可以进行数据流量限制、IP 数据报过滤、优先权控制等操作。

4.3.3　域名系统

通常情况下,数字形式的 IP 地址很难记忆,因此,Internet 引入域名服务系统 DNS。这是一个分层定义和分布式管理的命名系统,它是由解析器以及域名服务器组成的。域名服务器是指保存有该网络中所有主机的域名和对应 IP 地址,并具有将域名转换为 IP 地址功能的服务器。域名相对于 IP 地址来说是一种更为高级的地址形式,一个 IP 地址可对应多个域名。

Internet 的顶级域名由 Internet 网络协会负责网络地址分配的委员会进行登记和管理,它还为 Internet 的每一台主机分配唯一的 IP 地址。全世界现有 3 个大的网络信息中心:位于美国的 Inter-NIC,负责美国及其他地区;位于荷兰的 RIPE-NIC,负责欧洲地区;位于日本的 APNIC,负责亚太地区。主要顶级域名代码及意义如表 4-6 所示。

表 4-6　主要顶级域名代码及意义

域名代码	意　义	域名代码	意　义
com	商业组织	net	网络支持中心
edu	教育机构	org	其他组织
gov	政府部门	arpa	临时 ARPAnet(未用)
mil	军事部门	int	国际组织

Internet 主机域名的一般结构为:主机名.三级域名.二级域名.顶级域名。自右向左分别为最高层域名、机构名、网络名、主机名。例如,www.usl.edu.cn 域名表示中国(cn)教育机构(edu)硅湖学院(usl,该名称由学院向互联网管理中心申请)的一台 WWW 服务器(www)。部分机构的域名及其对应的 IP 地址如表 4-7 所示。

表 4-7　部分域名与 IP 地址对照表实例

位　　置	域　　名	IP 地址	地址类别
中国教育科研网	cer.edu.cn	202.113.0.36	C
清华大学	tsinghua.edu.cn	166.111.250.2	B
北京大学	pku.edu.cn	162.105.129.30	B
搜狐公司	sohu.com	220.181.90.24	C
南京市政府	nanjing.gov.cn	221.226.86.196	C

4.3.4　因特网的接入

随着因特网的快速发展,大量的局域网和个人计算机(包括移动通信设备)需要接入因特网,目前我国的大部分地区普遍采用的做法是,由城域网的运营商(中国电信、中国移动、中国联通等)作为 ISP(因特网服务提供商)来承担因特网的用户接入。ISP 通常拥有主机的通信链路,从因特网管理机构申请得到许多 IP 地址,给个人用户和单位用户提供宽带接入服务。用户计算机若要接入因特网,必须向 ISP 申请,并获得 ISP 分配的 IP 地址。对于单位用户,ISP 通常分配一段地址,单位的网络中心再对网络中的每一台主机指定 IP 地址。对于家庭用户,ISP 一般不会分配固定的 IP 地址,而是采用动态分配的方法,即上线时由 ISP 的 DHCP(动态主机分配协议)服务器临时分配一个 IP 地址,下线时收回该地址给其他用户使用。

具体因特网接入有如下几种方式。

1. 电话拨号接入

电话拨号接入方式是通过电话线,将用户的计算机与 ISP 的主机连接起来。使用电话拨号上网方式价格低廉、方便,无须另外接线,但上网速度较慢。在宽带还未普及前是家庭个人用户上网的主要方式。拨号上网的计算机需要通过 Modem 拨号将自己的计算机接入 Internet。其连接原理如图 4-18 所示。

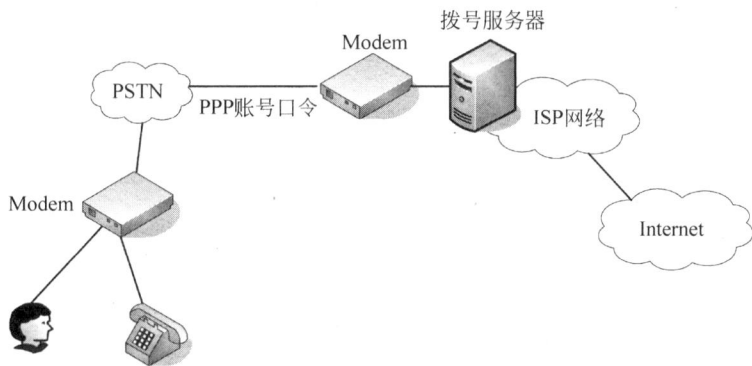

图 4-18　电话拨号连接 Internet 结构图

电话拨号接入 Internet 方式需要的硬件比较少,即一台计算机、一条直拨电话线和一个 Modem,然后通过 ISP 获得上网的账号,就可以入网了。需要说明的是,现在很多 ISP 提供给用户的是公用用户名和密码,上网的相关费用直接在电话费中收取,因此,这种连接方式费用较高。另外,这种方式在上网前需要拨号,上网过程中无法同时拨打或接听电话,数据传输速率较低,Modem 支持的最大速率为 56Kb/s,实际应用过程中,数据传输速率可能更低。因此,这种上网方式逐渐被淘汰,只在一些特殊的需求中使用,如通过电话拨入远程的路由器交换机等设备进行远程管理。

2. ADSL 接入

通过电话线提供的数字服务技术中,最有效的一种是非对称数字用户线路(ADSL)。由于上行和下行带宽不对称,因此称之为非对称数字用户线路。它采用频分复用技术把普通的电话线分成了电话语音、数据上行和数据下行 3 个相对独立的信道,从而避免了相互干扰。即使边打电话边上网,也不会发生上网速率和通话质量下降的情况。通常

ADSL 可以提供最高 1Mb/s 的上行速率和最高 8Mb/s 的下行速率(也就是人们通常说的带宽),一般 ADSL 有效传输距离为 3~5km。

ADSL 的特点:①一条电话线可同时打电话与进行数据传输,两者互不影响;②虽然使用的还是原来的电话线,但 ADSL 传输的数据并不通过电话交换机,所以 ADSL 上网不需要缴付额外的电话费,节省了费用;③ADSL 的数据传输速率是根据线路的情况自动调整的,它以"尽力而为"的方式进行数据传输。

用户安装 ADSL 需要 3 台设备:ADSL Modem、语音分离器(滤波器)、以太网卡。ADSL Modem 通过电话线连接语音分离器,网卡与 ADSL Modem 用双绞线连接,然后在操作系统下建立 ADSL 拨号连接。ADSL 连接的原理如图 4-19 所示。

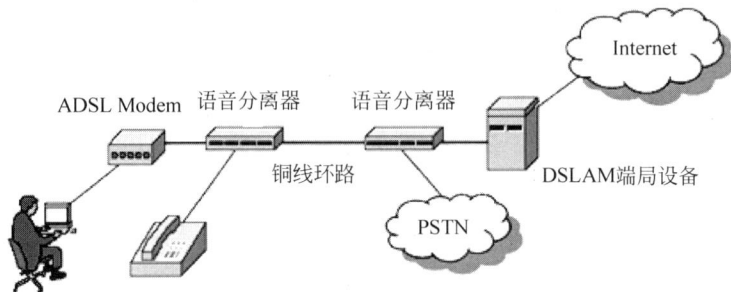

图 4-19   ADSL 连接 Internet 结构图

3. 线缆调制解调技术

有线电视系统的传输介质同轴电缆具有很大的容量,而且抗电子干扰能力强,它使用频分多路复用技术可同时传送上百个电视频道。目前已广泛采用光纤同轴电缆混合网(hybrid fiber coaxial,HFC)进行信息传输:主干线路采用光纤连接到小区,然后用同轴电缆以总线方式接入用户。由于有线电视系统的设计容量要远远高于现在使用的电视频道数目,未使用的带宽(即频道)可用来传输数据。因此,人们开发了用有线电视网高速传送数字信息的技术,这就是线缆调制解调器技术。

使用线缆调制解调器传输数据时,与 ADSL 使用电话线传输多路信号一样,将同轴电缆的整个频带划分为三部分,分别用于数字信号上传、数字信号下传及电视节目(模拟信号)下传。一般同轴电缆的带宽为 5MHz~750MHz,数字信号上传使用的频带为 5MHz~42MHz,电视节目(模拟信号)下传使用的频带为 50MHz~550MHz,数字信号下传使用的频带则为 550MHz~750MHz,故数字信号和模拟信号就不会发生冲突而可以同时传输,这也是上网时还可以同时收看电视节目的原因。

线缆调制解调器在上传数据和下载数据时的速率是不同的。数据下行传输时的速率可达 36Mb/s,而上传信道低速调制方式一般为 320Kb/s~10Mb/s。

为了允许多个用户同时下传和上传数据,必须采用频分多路复用技术,将下传和上传的频带划分给多个用户使用。每个用户都需要一对调制解调器(一个调制解调器置于有线电视中心,另一个装在用户站点上)。这一对调制解调器必须调到相同的载波频段,与电视信号一起在电缆上多路复用。

4. 光纤接入技术

光纤用户网是用户接入网技术的发展方向,是指局端与用户之间完全以光纤作为传输媒体的接入网。用户网光纤化有很多方案,有光纤到路边(fiber to the curb,FTTC)、光纤到小区(fiber to the zone,FTTZ)、光纤到大楼(fiber to the building,FTTB)、光纤到户(fiber to the home,FTTH),因 FTTx 接入方式成本较高,就我国目前普通人群的经济承受能力和网络应用水平而言并不适合。而将 FTTx 与 LAN 结合,即可大幅降低接入成本,同时可以提供高达 10Mb/s 甚至 100Mb/s 的用户端接入带宽,是目前比较理想的用户接入方式。光纤接入主要应用如下。

(1) 高速数据接入:用户可以通过 FTTx+LAN 宽带接入方式快速浏览各种网上的信息,进行网上交谈,收发电子邮件等。

(2) 视频点播:FTTx+LAN 方式高带宽的接入特别适合用户对音乐、影视和交互式游戏点播的需求,还可根据用户的个性化需要进行随意控制。

(3) 家庭办公:用户只需通过高速接入方式,即可在网上查阅自己企业(单位)信息库中所需要的信息,甚至可以面对面地和同事进行交谈,完成工作任务。

(4) 远程教学、远程医疗等:通过宽带接入方式,用户可以在网上获得图文并茂的多媒体信息,或与教师、医生进行随意交流、探讨。

总之,由于 FTTx+LAN 方式的高带宽,用户可以通过这种接入方式得到所需要的各种信息,不会受到因为带宽不够而带来的困扰,也不会为因停留在网上所付出的附加话费而担忧。

5. 无线接入

无线技术在不断发展,越来越多的人采用无线方式接入因特网。常用的无线接入技术主要有 4 类,如表 4-8 所示,用户可以根据实际情况进行选择。其中无线局域网接入需要用到无线路由器设备。

表 4-8　无线接入因特网技术

接 入 技 术	使用的接入设备	数据传输速率	说　明
无线局域网	Wi-Fi 无线网卡,无线接入点	11Mb/s~100Mb/s	必须在安装有接入点(AP)的热点区域中才能接入
GPRS 移动电话网接入	GPRS 无线网卡	56Kb/s~114Kb/s	方便,有手机信号的地方就能上网,但速率不快
3G 移动电话网接入	3G 无线网卡	200Kb/s~3.6Mb/s	方便,有 3G 手机信号的地方就能上网
4G 接入	4G 智能手机等	20Mb/s~100Mb/s	通信速度快,通信灵活,兼容性好
5G 接入	5G 网卡、智能手机等	1000Mb/s~1000Mb/s	低延时、效率高、通信速度快

任务 4.4　因特网提供的服务

因特网由大量的计算机和信息资源组成,它提供了丰富的信息资源和应用服务。人们通过它不仅可以传送文字、声音、图像等信息,而且可以进行文件共享、视频点播、在线交谈等。因特网上的信息包罗万象,如政治、经济、高科技、军事、体育、娱乐、社会消息等,人们可以非常方便地浏览、查询、下载、复制和使用这些信息。常见的信息服务有 WWW 服务、FTP 文件传送服务、即时通信服务、电子邮件服务、信息检索服务、远程登录服务等。

4.4.1　WWW 应用

WWW(world wide web,万维网)简称 3W、Web,这是一个基于超文本(hypertext)方式的信息查询工具。它是由位于瑞士日内瓦的欧洲粒子物理实验室(The European Partical Physics Laboratory)最先研制的。WWW 把位于全世界不同地方的 Internet 上的数据信息有机地组织起来,形成一个庞大的公共信息资源网。通过操纵计算机的鼠标或触摸屏,人们就可以在 Internet 上浏览到分布在全世界各地的文本、图像、声音和视频等信息,并且可以进行网上购物、网上银行、证券交易等商务活动。另外,WWW 也可以提供传统的 Internet 服务,如 Telnet(远程登录)、FTP(远程传送文件)、Gopher(基于菜单的信息查询工具)和 Usenet News(Internet 的电子公告牌服务)。常用的访问 WWW 服务的程序有微软的 IE、火狐公司的 Firefox、苹果公司的 Safari、UC 公司的 UC 浏览器(主要在智能手机中使用)等。

WWW 由浏览器、Web 服务器、网页(HTML 文档)、URL(统一资源定位符)等多部分组成。WWW 服务采用浏览器/服务器模式,客户访问服务器时,通过浏览器向 Web 服务器发出请求,Web 服务器响应客户的请求并向客户发送其想要的万维网文档(网页),客户收到该文档后,使用浏览器解释该文档并按照一定的格式将其显示在屏幕上。万维网客户与服务器之间通过 HTTP 协议进行通信。整个访问过程如图 4-20 所示。

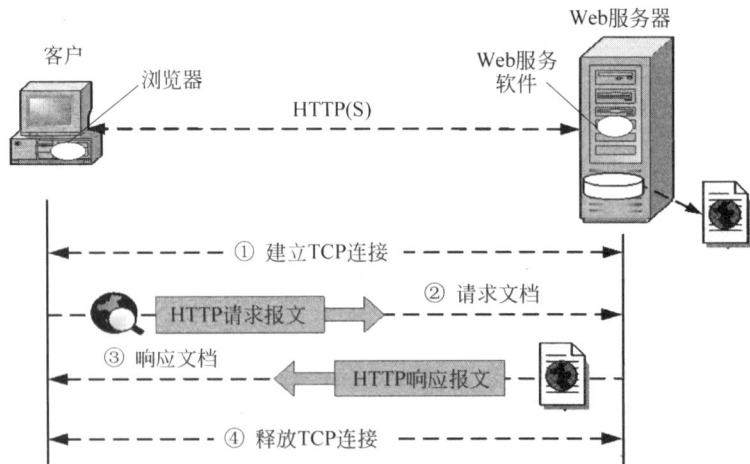

图 4-20　客户访问 Web 服务器的过程

1) Web 服务器

万维网上能够提供信息服务的主机称为 Web 服务器(也称 WWW 服务器),Web 服务器上主要存放 Web 页面文件,通常称为 Web 站点。在 Web 站点上除了 Web 页面文件资源外还有相应的 Web 服务程序。WWW 由遍布世界各地数以万计的 Web 站点(也称网站)组成。

2) URL

要在全网范围内确定一个网页,网页名称必须包括以下 3 个部分:网页的存放地址、网页在主机中的全路径名和网页的访问方法,符合这种条件的名字称为统一资源定位符 URL,通常用以下形式表示。

http(s)://<主机域名或地址>[:端口号]/文件路径/文件名

其中,http(s)表示客户端和服务器之间通过 HTTP(加密)传送文件;主机域名或地址指目标网站服务器的网址或具体的 IP 地址;端口号(任何一个服务都对应一个或多个服务端口)通常是默认的 Web 服务端口号 80;文件路径和文件名指的是网页在 Web 服务器硬盘中的位置和路径,一般以 index.html 或 default.html 作为默认的文件名,即该网站的主页。

3) HTML

HTML 是一种制作万维网页面的标准语言,简单地说,就是一组用来确定网页上的字体、颜色、图形和超链接等格式的标准,用这种语言写出的文档称为 HTML 文档。HTML 文档可以用 Dreamweaver 等软件制作,也可以从 .doc 或 .pdf 文档转换而成。

Web 服务器中的网页也是一种超文本文档,最重要的特性是能借助超链接把网页相互链接起来。网页又可以分为静态网页和动态网页。静态网页的内容固定不变,任何时候访问该网页所得到的内容都一样,一般采用静态 HTML 编写。其优点是简单、响应速度快,但不适合于网页中包含动态数据(如外汇行情、股票价格、天气情况等)的应用场合。访问静态网页主要采用两层的客户/服务器模式。

动态网页中的内容是由服务器根据用户请求而临时生成的,一般以数据库技术为基础,可以实现更多的交互性功能,如用户注册、用户登录、在线调查、用户管理、订单管理等。动态网页适用于网页中包含动态数据的应用场合,一般动态网站采用的是浏览器/服务器/数据库的三层结构,如图 4-21 所示,即把数据库服务器从原来的第 2 层中分离出来,成为独立的数据库服务器。其中,Web 服务器专门响应客户的访问请求,为浏览器做网页的"收发工作"和对静态网页的查询工作。至于动态网页,则是由服务器中的应用程序从数据库中取得数据后自动生成的,生成后由 Web 服务器返回给客户的浏览器。第 2 层的应用程序通过数据库的标准接口 ODBC 或 JDBC 直接访问第 3 层的数据库服务器,它不仅可以向数据库服务器发出数据访问请求,而且还可以互相对话,进行事务处理;不仅可以连接一个数据库,而且可以连接多个异构的数据库服务器。数据库服务器使用的主要数据库有 MySQL、Access、SQL Server、Sybase、Oracle 等。

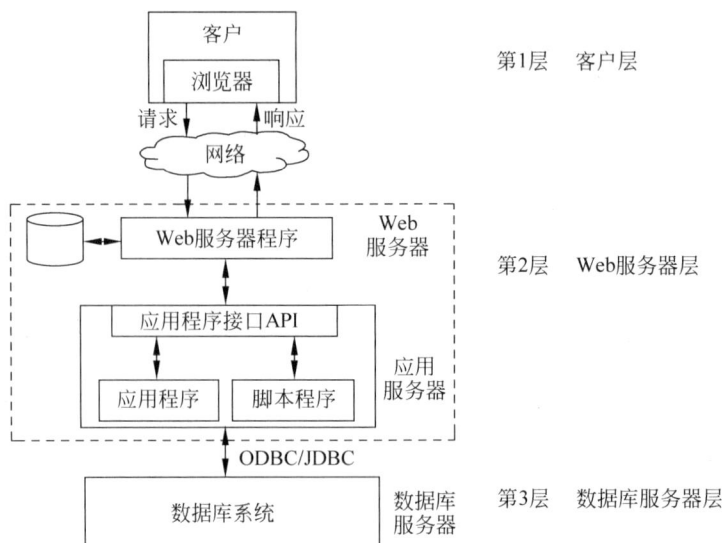

图 4-21　客户/服务器/数据库三层结构

4.4.2　文件传送服务

文件传送协议(file transfer protocol,FTP)是因特网中广泛应用的协议之一。在因特网中,用户可以通过 FTP 与远程主机连接,从远程主机上把共享软件或免费资源复制到本地计算机(客户机)上,也可以从本地计算机上把文件复制(也称为上传)到远程主机上。例如,当完成自己所设计的网页时,可以通过 FTP 软件把这些网页文件传送到网站服务器的指定目录中,然后网络中的用户就可以通过访问网站服务器访问各个网页。

在因特网中,并不是所有的 FTP 服务器都允许随意访问以及获取资源。FTP 主机通过 TCP/IP 以及主机上的操作系统可以对不同的用户给予不同的文件操作权限(如只读、读写、完全)。有些 FTP 主机要求用户给出合法的注册账号和密码才能访问,而那些提供匿名登录的 FTP 服务器一般只需用户输入账号(anonymous)与密码(用户的电子邮箱)就可以访问。一般地,匿名 FTP 服务器只允许用户查看和下载文件,不能随意修改、删除和上传文件。

用户也可以通过浏览器来访问 FTP 服务器进行文件的上传和下载,例如,要从南京大学匿名 FTP 服务器的 gongxiang 目录中下载一个文件 abc.txt,可在浏览器的地址栏中输入:

　　ftp://ftp.nju.edu.cn/gongxiang/abc.txt

其中,ftp 表示用 FTP 方式访问服务器;ftp.nju.edu.cn 是南京大学匿名 FTP 服务器的主机名;gongxiang/abc.txt 是要下载的文件的路径和文件名。

也可以通过 FTP 下载工具(FTP 客户端程序)进行 FTP 服务器访问,这些下载工具既可以提高文件的下载速度,又可以实现断点续传,更便于用户对多个 FTP 访问站点的管理,常用的 FTP 下载工具主要有 LeapFTP、CuteFTP 和 NetTransport 等。

4.4.3　电子邮件服务

电子邮件(E-mail)是因特网上广泛使用的一种信息传输服务,是发送者和指定的接收者利用计算机通信网络发送信息的一种非交互式的通信方式,属于异步通信。电子邮件的出现改变了传统的纸质文档通信,电子邮件速度快、可靠性高、价格便宜,而且可以将文字、表格、图像和视频等多媒体信息集中在一个邮件中传输。电子邮件也可以一次发送给很多个用户,信息交流更加便捷。近年来,随着电子商务、网上服务(如电子贺卡、网上购物等)的不断发展和成熟,E-mail 成为人们主要的通信方式。

1. 电子邮件地址

每个邮箱都有一个地址,称为电子邮件地址。电子邮件地址在全球范围内唯一,它的格式可以表示为:用户名@域名。其中,字符@读作 at,其含义是"在……之中"。显然,邮件地址的含义为在某台主机上的某个用户。主机名就是前面介绍的每个拥有独立 IP 地址的计算机所拥有的域名,用户名则是在该计算机上为用户建立的账户名。例如,对于邮件服务器 usl. edu. cn 上的一个用户 zhang,其电子邮件地址为 zhang@usl. edu. cn。

2. 电子邮件的组成

电子邮件主要由如下三部分组成。

(1) 邮件头部,包括发信人地址、接收人地址(允许多个)、抄送人地址(允许多个)、主题。

(2) 附件,可以包含一个或多个文件,文件类型是任意的。

(3) 邮件的正文,可包含文本和图像,文本可以使用不同的编码字符集。

由于电子邮件系统采用了 MIME 协议,可以实现在邮件正文部分使用图片、声音和超链接,并具有格式排版的功能,使得邮件的表达丰富而生动。

3. 电子邮件系统的工作过程

电子邮件系统采用客户/服务器工作模式。邮件服务器是 Internet 邮件服务系统的核心。一方面,它负责接收用户送来的邮件,并根据邮件所要发送的目的地址将其传送到对方的邮件服务器中;另一方面,它负责接收从其他邮件服务器发来的邮件,并根据收件人的地址将邮件分发到各自的电子邮箱中。电子邮箱是邮件服务器中为每个合法用户开辟的一个存储用户邮件的空间。

目前,使用得比较多的电子邮件应用程序有微软的 Outlook、Netscape Mail、Foxmail等,它们都是通过 SMTP、POP3 和 IMAP 发送和接收电子邮件的。另外,用户也可以通过 Web 浏览器收发邮件。

邮件服务器之间使用简单邮件传送协议(SMTP)相互传递邮件;电子邮件应用程序使用 SMTP 协议向邮件服务器发送邮件,使用邮局协议版本 3(POP3)或 IMAP 从邮件服务器中读取邮件,整个传输过程如图 4-22 所示。

4.4.4　其他因特网常用服务

1. 即时通信

即时通信(IM)是一种基于 Internet 的通信服务,它与电子邮件的通信方式不同,是

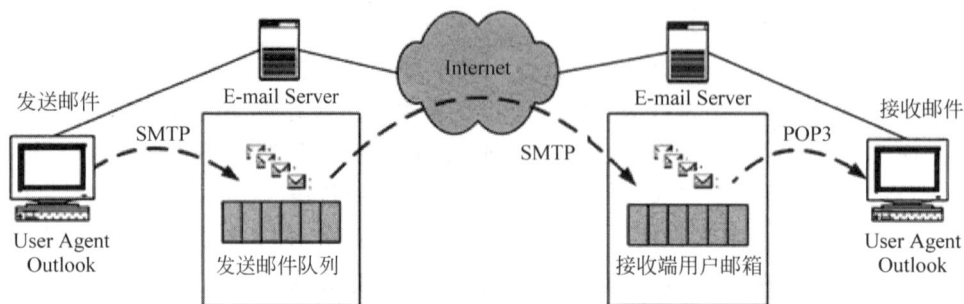

图 4-22   电子邮件系统的工作过程

一种同步通信,即通信双方必须都在线(相应的通信软件同时登录在线)。

即时通信除了提供实时信息交换和状态跟踪服务外,一般还包括以下附加功能:音频/视频聊天、应用共享、文件传送、文件共享、游戏邀请、远程助理、白板等。通信成本比传统通信成本低很多,特别是在异地通信方面更有显著优势。

实现即时通信需要通信双方或多方安装相同的软件,即同一公司开发的聊天工具。不同公司开发的不同聊天工具暂时还无法实现通信。最早的即时通信软件是美国 AOL 公司的 ICQ,之后雅虎和微软也相继推出了 Yahoo Messenger 和 MSN Messenger,我国目前较为流行的聊天软件主要有腾讯公司的 QQ 和微信等。

随着移动互联网快速发展,当前腾讯公司推出的微信也已经越来越受欢迎了。微信能够快速发送文字和照片、支持多人语音对讲的手机聊天。用户可以通过手机或平板电脑快速发送语音、视频、图片和文字。微信提供公众平台、朋友圈、消息推送等功能,用户可以通过"摇一摇""搜索号码""附近的人"、扫二维码方式添加好友和关注公众平台,同时通过微信将内容分享给好友以及将用户看到的精彩内容分享到微信朋友圈。与传统的短信相比,微信更加灵活、智能,且费用更低(仅消耗网络流量)。

微信支持多种语言,也支持 Wi-Fi 无线局域网、2G、3G、4G、5G 移动数据网络等多种网络通信模式,并具有 iOS 版、Android 版、Windows Phone 版、Blackberry 版等不同版本的程序。

2. 博客和微博

博客(Blog)又称为网络日志,是一种通常由个人管理、不定期张贴新文章的网站。博客上的文章通常根据张贴时间,以倒序方式由新到旧排列,许多博客专注在特定的课题上提供评论或新闻。一个典型的博客结合了文字、图像、其他博客或网站的链接及其他与主题相关的媒体,能够让读者以互动的方式留下意见。大部分的博客内容以文字为主,但仍有一些博客专注在艺术、摄影、视频、音乐、播客等各种主题。博客是社会媒体网络的一部分,比较著名的有新浪博客、网易博客、搜狐博客等。

微博是一种通过关注机制分享简短实时信息的广播式的社交网络平台,既可以作为观众,在微博上浏览感兴趣的信息;也可以作为发布者,在微博上发布内容供别人浏览。发布的内容一般较短,微博通常有 140 字的限制,微博由此得名。当然也可以发布图片、分享视频等。微博最大的特点就是发布信息速度快、信息传播的速度快。例如,某博主有

200 万听众(粉丝),则其发布的信息会在瞬间传播给 200 万人。2009 年 8 月中国门户网站新浪推出"新浪微博"内测版,成为门户网站中第一家提供微博服务的网站,微博正式进入中文上网主流人群视野。随着微博在网民中的日益火热,在微博中诞生的各种网络热词也迅速走红网络。

3. Web 信息检索

随着 Internet 的飞速发展,WWW 已经为人们提供了一个海量的信息库,如何进行有效的信息检索,快速、准确地在网上找到有价值的信息已经变得越来越重要,信息检索主要有两种方式:一种是主题目录搜索;另一种是搜索引擎。

(1)主题目录搜索:主题目录搜索主要是通过一些门户网站提供的主题目录供用户寻找信息,用户不需要进行关键词查询,仅靠分类目录也可找到需要的信息,但信息量不够大,可能需要查询多家网站才能获得需要的信息。我国的新浪、搜狐、网易等综合性信息服务网站,以及 IT 信息综合类网站,如中关村在线网、太平洋电脑网等专业类网站均提供主题目录搜索服务。

(2)搜索引擎:搜索引擎是帮助人们在因特网中查找信息的一类软件。它以一定的策略在 Web 上搜索和发现信息,对信息进行理解、提取、组织和处理后,为用户提供 Web 信息查询服务。用户可以通过浏览器或客户端软件提出检索需求,搜索引擎中的检索器服务从海量的索引数据库中找出与查询条件匹配的网页信息,然后将这些网站的名称、摘要以及链接地址排序后发给用户。

目前在我国广泛使用的搜索网站有百度(Baidu)、搜搜(Soso)、搜狗(Sogou)等,国外著名的搜索网站有谷歌(Google)、必应(Bing)、雅虎(Yahoo)等。

任务 4.5 计算机网络安全

4.5.1 计算机网络安全概述

计算机网络涉及国家的政府、军事、文教等诸多领域,存储、传输和处理的许多信息是政府宏观调控决策、商业经济信息、银行资金转账、股票证券、能源资源数据、科研数据等重要的信息,其中有很多是敏感信息,甚至是国家机密,所以难免会吸引来自世界各地的各种人为攻击(如信息泄露、信息窃取、数据篡改、数据增删、计算机病毒等)。计算机犯罪率的迅速增加,使各国的计算机系统特别是网络系统面临着很大的威胁,并成为严重的社会问题之一。因此,网上信息的安全和保密是一个至关重要的问题。

保证信息安全,最根本的就是保证信息安全的基本特征发挥作用。信息安全的五大特征如下。

(1)完整性。信息在传输、交换、存储和处理过程中保持非修改、非破坏和非丢失的特性,即保持信息原样性,使信息能正确生成、存储、传输,这是最基本的安全特征。

(2)保密性。信息按给定要求不泄露给非授权的个人、实体或过程,或提供其利用的特性,即杜绝有用信息泄露给非授权个人或实体,强调有用信息只被授权对象使用的特征。

(3)可用性。网络信息可被授权实体正确访问,并按要求能正常使用或在非正常情况下能恢复使用的特征,即在系统运行时能正确存取所需信息,当系统遭受攻击或破坏时,能迅速恢复并能投入使用。可用性是衡量网络信息系统面向用户的一种安全性能。

（4）不可否认性。通信双方在信息交互过程中,确信参与者本身,以及参与者所提供的信息的真实同一性,即所有参与者都不可能否认或抵赖本人的真实身份,以及提供信息的原样性和完成的操作与承诺。

（5）可控性。可控性是指对流通在网络系统中的信息传播及具体内容能够实现有效控制的特性,即网络系统中的任何信息要在一定传输范围和存放空间内可控。

4.5.2　网络安全采取的措施

为了保证网络信息安全,必须有足够强大的安全措施,有一个完整的网络安全体系结构,否则所建的网络将是无用的,甚至会危及国家安全的网络。在建设一个网络系统时,一般需要考虑以下几种安全措施。

（1）数据加密/解密。数据加密的目的是隐蔽和保护具有一定密级的信息,既可以用于信息存储,也可以用于信息传输,使其不被非授权方识别。数据解密则是指将被加密的信息还原。数据加密涉及密码学,它是一门历史悠久的技术,指通过加密算法和加密密钥将明文转变为密文,而解密则是通过解密算法和解密密钥将密文恢复为明文。数据加密目前仍是计算机系统对信息进行保护的一种最可靠的办法。它利用密码技术对信息进行加密,实现信息隐蔽,从而起到保护信息安全的作用。数据加密/解密模型如图 4-23所示。

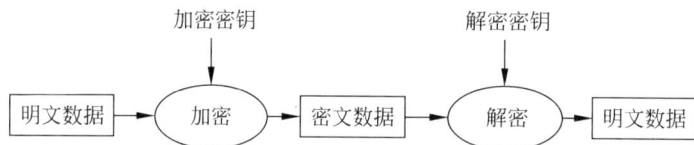

图 4-23　数据加密/解密模型

（2）数字签名。数字签名又称公钥数字签名、电子签章,是一种类似写在纸上的普通的物理签名,但是使用了公钥加密领域的技术实现,用于鉴别数字信息。一套数字签名通常定义两种互补的运算,一个用于签名,另一个用于验证。经过数字签名的文件的完整性是很容易验证的(不需要骑缝章、骑缝签名,也不需要笔迹专家),而且数字签名具有不可抵赖性(不需要笔迹专家来验证)。数字签名典型的应用场景有网上银行、电子商务、电子政务、网络通信等。

（3）身份验证。身份验证的目的是防止黑客的主动攻击,包括检测信息的真伪及防止信息在通信过程中被篡改、删除、插入、伪造、延迟和重放等。身份验证又称身份鉴别,它是通信和数据系统中正确识别通信用户或终端身份的重要途径。身份验证的常用方法有密码验证、持证验证和生物识别。身份验证可分为用户与主机间的验证和主机与主机之间的验证,用户与主机之间的验证可以基于如下一个或几个因素:用户所知道的东西,如密码等;用户拥有的东西,如印章、智能卡(如信用卡等);用户所具有的生物特征,如指纹、声音、视网膜、签字、笔迹等。同时,身份验证也是访问控制的基础。当前银行卡就是利用双重身份验证"密码＋芯片卡"保证个人银行卡信息的相对安全。

（4）访问控制。访问控制的目的是保证网络资源不被未授权地访问和使用。按用户身份及其所归属的某项定义组来限制用户对某些信息项的访问，或限制对某些控制功能的使用。访问控制通常用于系统管理员控制用户对服务器、目录、文件等网络资源的访问。主要有以下功能：①防止非法的主体访问受保护的网络资源；②允许合法用户访问受保护的网络资源；③防止合法的用户对受保护的网络资源进行非授权的访问。访问控制可以由如下策略实现：①入网访问控制；②网络权限限制；③目录级安全控制；④网络服务器安全控制；⑤网络端口和节点的安全控制；⑥防火墙控制；⑦其他策略。

（5）防火墙。防火墙技术最初是针对 Internet 不安全因素所采取的一种保护措施。顾名思义，防火墙就是用来阻挡外部不安全因素影响的内部网络屏障，其目的是防止外部网络用户未经授权的访问。它是一种计算机硬件和软件的结合，使 Internet 与 Intranet（企业内部网）之间建立起一个安全网关（security gateway），企业网络流入/流出的所有网络通信数据均要经过此防火墙。防火墙可以是一台独立的硬件设备，也可以是一台安装了防火墙软件的计算机，一般来说，硬件防火墙设备比软件防火墙性能更好，但价格更贵，个人计算机一般可以安装一套软件防火墙（如瑞星防火墙、天网防火墙）保证自己的计算机免受攻击，该计算机流入/流出的所有网络通信均要经过此防火墙。当然，防火墙一般无法防止内部计算机对内部网络的攻击。

（6）入侵检测。入侵检测（IDS）是对入侵行为的检测。它通过收集和分析网络行为、安全日志、审计数据、其他网络上可以获得的信息以及计算机系统中若干关键点的信息，检查网络或系统中是否存在违反安全策略的行为和被攻击的迹象。入侵检测作为一种积极主动的安全防护技术，提供了对内部攻击、外部攻击和误操作的实时保护，在网络系统受到危害之前拦截和响应入侵。因此被认为是防火墙之后的第二道安全闸门，在不影响网络性能的情况下能对网络进行监测。入侵检测通过执行以下任务来实现：监视、分析用户及系统活动；系统构造和弱点的审计；识别反映已知进攻的活动模式并向相关人士报警；异常行为模式的统计分析；评估重要系统和数据文件的完整性；操作系统的审计跟踪管理并识别用户违反安全策略的行为。

入侵检测是防火墙的合理补充，帮助系统对付网络攻击，扩展了系统管理员的安全管理能力（包括安全审计、监视、进攻识别和响应），提高了信息安全基础结构的完整性。它从计算机网络系统中的若干关键点收集信息，并分析这些信息，看看网络中是否有违反安全策略的行为和遭到袭击的迹象，从而提供对内部攻击、外部攻击和误操作的实时保护。

任务 4.6　习题强化

1. 下列有关计算机网络的说法中，错误的是（　　　）。

    A. 组成计算机网络的计算机设备是分布在不同地理位置的多台独立的自治计算机

    B. 共享资源包括硬件资源和软件资源以及数据信息

C. 计算机网络提供资源共享的功能

D. 计算机网络中，每台计算机核心的基本部件，如 CPU、系统总线、网络接口等都要求存在，但不一定独立

2. 下列有关 Internet 的叙述中，错误的是（　　）。

A. 万维网就是因特网

B. 因特网上提供了多种信息

C. 因特网是计算机网络的网络

D. 因特网是国际计算机互联网

3. Internet 是覆盖全球的大型互联网络，用于连接多个远程网和局域网的互联设备主要是（　　）。

A. 路由器　　　　B. 主机　　　　C. 网桥　　　　D. 防火墙

4. 因特网上的服务都是基于某一种协议的，Web 服务是基于（　　）的。

A. SMTP　　　　　　　　　　B. SNMP

C. HTTP　　　　　　　　　　D. Telnet 协议

5. IE 浏览器收藏夹的作用是（　　）。

A. 收集感兴趣的页面地址　　　　B. 记忆感兴趣的页面内容

C. 收集感兴趣的文件内容　　　　D. 收集感兴趣的文件名

6. 计算机网络按地理范围可分为（　　）。

A. 广域网、城域网和局域网　　　　B. 因特网、城域网和局域网

C. 广域网、因特网和局域网　　　　D. 因特网、广域网和对等网

7. HTML 的正式名称是（　　）。

A. Internet 编程语言　　　　B. 超文本置标语言

C. 主页制作语言　　　　　　D. WWW 编程语言

8. 在 Internet 中完成从域名到 IP 地址或者从 IP 到域名转换的是（　　）服务。

A. DNS　　　　B. FTP　　　　C. WWW　　　　D. ADSL

9. 下列关于电子邮件的说法中，错误的是（　　）。

A. 发件人必须有自己的 E-mail 账户

B. 必须知道收件人的 E-mail 地址

C. 收件人必须有自己的邮政编码

D. 可使用 Outlook 管理联系人信息

10. 计算机网络的目标是实现（　　）。

A. 数据处理和网上聊天　　　　B. 文献检索和收发邮件

C. 资源共享和信息传输　　　　D. 信息传输和网络游戏

11. 以下 IP 地址中，正确的是（　　）。

A. 202.112.111.1　　　　B. 202.2.2.2.2

C. 202.202.1　　　　　　D. 202.257.14.13

12. 若要将计算机与局域网连接，至少需要具有的硬件是（　　）。

A. 集线器　　　　B. 网关　　　　C. 网卡　　　　D. 路由器

13. 下列关于电子邮件的叙述中,正确的是(　　)。
    A. 如果收件人的计算机没有打开,发件人发来的电子邮件将丢失
    B. 如果收件人的计算机没有打开,发件人发来的电子邮件将退回
    C. 如果收件人的计算机没有打开,当收件人的计算机打开时再重发
    D. 发件人发来的电子邮件保存在收件人的电子邮箱中,收件人可随时接收

14. 调制解调器的主要技术指标是数据传输速率,它的度量单位是(　　)。
    A. MIPS　　　　　　B. Kb/s　　　　　　C. dpi　　　　　　D. KB

15. 在下列网络的传输介质中,抗干扰能力最好的是(　　)。
    A. 光缆　　　　　　B. 同轴电缆　　　　C. 双绞线　　　　　D. 电话线

16. Internet 中较常用、便捷的通信服务是(　　)。
    A. 文件传送协议　　　　　　　　　　B. 远程登录
    C. 电子邮件　　　　　　　　　　　　D. 万维网

17. 下列度量单位中,用来度量计算机网络数据传输速率的是(　　)。
    A. MB/s　　　　　　B. MIPS　　　　　　C. GHz　　　　　　D. Mb/s

18. Internet 中不同网络和不同计算机相互通信的协议是(　　)。
    A. ATM　　　　　　B. TCP/IP　　　　　C. Novell　　　　　D. X.25

19. 在因特网上,一台计算机可以作为另一台主机的远程终端,使用该主机的资源,该项服务称为(　　)。
    A. Telnet　　　　　B. BBS　　　　　　C. FTP　　　　　　D. WWW

20. 以下上网方式中,采用无线网络传输技术的是(　　)。
    A. ADSL　　　　　　B. Wi-Fi　　　　　C. 拨号接入　　　　D. 以上都是

21. 有一域名为 bit.edu.cn,根据域名代码的规定,此域名表示(　　)。
    A. 政府机关　　　　B. 商业组织　　　　C. 军事部门　　　　D. 教育机构

22. 下列各项中,非法的 Internet 的 IP 地址是(　　)。
    A. 202.96.12.14　　　　　　　　　　B. 202.196.72.140
    C. 112.256.23.8　　　　　　　　　　D. 201.124.38.79

23. 计算机网络分为局域网、城域网和广域网,下列属于局域网的是(　　)。
    A. ChinaDDN 网　　　　　　　　　　B. Novell 网
    C. ChinaNET 网　　　　　　　　　　D. Internet

24. 以下关于电子邮件的说法中,不正确的是(　　)。
    A. 电子邮件的英文简称是 E-mail
    B. 加入因特网的每个用户通过申请都可以得到一个电子邮箱
    C. 在一台计算机上申请的电子邮箱,以后只有通过这台计算机上网才能收信
    D. 一个人可以申请多个电子邮箱

25. 因特网中 IP 地址用四组十进制数表示,每组数字的取值范围是(　　)。
    A. 0～127　　　　　B. 0～128　　　　　C. 0～255　　　　　D. 0～256

26. Internet 最初创建时的应用领域是(　　)。
    A. 经济　　　　　　B. 军事　　　　　　C. 教育　　　　　　D. 外交

27. 接入因特网的每台主机都有一个唯一可识别的地址,称为(　　)。
　　A. TCP 地址　　　B. IP 地址　　　C. TCP/IP 地址　　D. URL
28. 电子商务的本质是(　　)。
　　A. 计算机技术　　B. 电子技术　　　C. 商务活动　　　D. 网络技术
29. 为了防止信息被别人窃取,可以设置开机密码,下列密码设置最安全的是(　　)。
　　A. 12345678　　　B. nd@YZ@g1　　C. NDYZ　　　　D. Yingzhong
30. 域名 MH.BIT.EDU.CN 中主机名是(　　)。
　　A. MH　　　　　　B. EDU　　　　　C. CN　　　　　D. BIT

任务 4.7　评价与讨论

1. 抛出问题

(1) 目前某家公司请您给公司搭建网络：其中有 20 台台式机,10 台笔记本电脑,还有两台打印机,请选择合适的网络结构。

(2) 结合上机实践,说一说你所使用过的网络服务有哪些。

(3) 阐述目前常见的杀毒软件。

2. 说一说、评一评

学生在解决问题过程中,分小组讨论,最后选派代表回答问题,其他小组成员及教师给出点评,并从回答问题过程中了解学生对学习目标的掌握情况。

课堂重点突出,培养学生的实际应用能力,教师做好记录,为以后的教学获取第一手材料。

任务 4.8　资料链接

网上支付安全问题

网上支付是电子支付的一种方式,它通过第三方提供的与银行间的支付接口进行即时支付。这种方式的好处在于可以直接把资金从用户的银行卡中转账到网站账户中,汇款即时到账,不需要人工确认。客户和商家之间可采用信用卡、电子钱包、电子支票和电子现金等多种电子支付方式进行网上支付。采用在网上电子支付的方式节省了交易的开销。

从网上支付业务发展情况看,银行提供网上支付服务已经介入了 B2C 和 B2B 电子商务。在 B2C 电子商务中,银行通过与 B2C 电子商务平台供应商合作,为个人用户提供支付结算服务;在 B2B 电子商务中,银行对 B2B 结算业务的支持已从单纯的在网上为企业用户提供转账结算服务,发展到介入企业的采购和分销系统,支付结算的手段也从单纯的转账功能发展到结合企业综合授信额度的网上信用证服务。从 B2C 网上支付系统的技术形式看,基于 SSL 的支付系统是网上支付的主流形式,而基于 SET 的网上支付发展则相对缓慢。银行通常同时提供基于 SSL 的小额网上支付和基于数字证书的无限额支付。

尽管网上支付非常便捷,深受人们欢迎,但暴露出来的一些网上安全问题仍然使网上支付蒙上了阴影。

1. 不安全的根源

一个重要的原因就是一些不法之徒十分猖獗,他们盯上了互联网,通过设立仿冒网站、发送伪造电子邮件甚至利用计算机病毒等手段,骗取用户的银行账号、密码等信息。

2. 网络钓鱼

"网络钓鱼"是一种比较典型的诈骗方式,顾名思义,就是骗子利用一些不被人注意的诱饵来骗取用户的账号和密码,从而坐收渔翁之利。通常骗子都是利用向别人发送垃圾邮件,将受害者引导到一个假的网站,这个假网站会做得与某些电子银行网站一模一样,粗心的用户往往会将自己的账号和密码乖乖送到骗子那里。

3. 鸡尾酒钓鱼术

"鸡尾酒钓鱼术"更让人防不胜防。与使用仿冒站点和假链接行骗的"网络钓鱼"不同,"鸡尾酒钓鱼术"直接利用真的银行站点行骗,即使是有经验的用户也可能会陷入骗子的陷阱。"鸡尾酒钓鱼术"是通过用户点击邮件中包含这种技术的链接触发的。当用户点击邮件中的链接以后,的确能登录网上银行的正常站点,但是骗子的恶意代码会让网上银行的站点上出现一个类似登录框的弹出窗口,毫无戒心的用户往往会在这里输入自己的账号和密码,而这些信息就会通过计算机病毒发送到骗子指定的邮箱中。由于骗子利用了客户端技术,银行方面也很难发现自己的站点有异常。

4. 网上支付注意问题

网络技术的发展日新月异,应运而生的"网上购物"越来越被大众接受,也已成为人们的主流购物方式。由于跟钱袋子密切相关,在享受方便的网购乐趣时,保证网上支付安全显得更加重要。确保网上资金安全,你真的做足保护工作了吗?下面介绍一些网上支付比较常见的误区。

(1)一个密码走天下,密码好记就行。

描述:一些网友对所有的账户使用相同的密码,并且喜欢用生日、身份证号码中的数字作为密码。这样的密码极易被"盗号者"破解,任意一次的资料泄露都极有可能导致用户所有账户失去安全保障。

解决方案:为不同的网上支付账户设置单独的密码,使用"数字＋字母＋符号"组合的高安全级别的密码。例如,支付宝有登录密码和支付密码两个密码,必须设置成不同的。

(2)将账号、密码保存在计算机中,以防忘记。

描述:有的网友喜欢把账号、密码保存在计算机的某个文件中。若计算机处于联网状态,就有可能被木马侵入,账号、密码也可能泄露。

解决方案:账号与密码不要保存在联网的计算机中,对于一些不熟悉的网站,填写信息时要谨慎。

(3)卖家提供的链接不会有问题。

描述:有的网友网购时轻信卖家,不假思索地就点击了卖家发送的不明链接。卖家发送的链接有可能是个木马网站,随意进入可能会遭木马攻击,从而泄露支付账号和密码。

解决方案:登录正确的网址或购物 App,按照购物流程直接在平台内购买、支付,不要轻易点击卖家发送的不明链接。

(4)账户"裸奔"最方便。

描述:部分网友认为网购图的就是方便快捷,使用数字证书、宝令太麻烦,而且安装也麻烦。其实没有一些安全产品的保护,账户是很容易被"入侵"的。

解决方案:①使用数字证书、宝令、支付盾等能帮助提升账户的安全等级的安全产品。安装了这些安全产品,用户账户即使被盗,盗用者在没有证书、支付盾或宝令的情况下也无法操作资金,用户从而可以避免资金损失。支付宝的数字证书可以免费安装,步骤很简易,在不同计算机上使用时,通过手机校验码的方式重新安装或删除也很方便。

② 绑定手机,使用手机动态密码。支付宝等网络支付账户都支持绑定手机,并支持设置手机动态密码。用户可以设置当单笔支付额度或者每日支付累计额度超过一定金额时进行手机动态密码校验,从而增强资金的安全性。

(5)用网银付款更安全。

描述:部分网友觉得使用网银操作,有了 U 盾等硬件在手里,交易就一定是安全的。事实上很多"木马钓鱼"都是针对从第三方支付平台跳转到网银页面的中间步骤进行欺诈作案。

解决方案:由于"木马钓鱼"的存在,支付平台向网银跳转的过程很容易被利用。网上支付除了自己做足安全保障,支付平台的安全保障承诺也很重要。推荐大家更多使用支付宝、微信快捷支付付款,这是因为付款操作统一在支付宝或微信平台完成,无须跳转,可以有效封杀"钓鱼者"利用页面跳转进行"钓鱼"欺诈的空间。用户只要是通过快捷支付进行付款操作,即可享受全额赔付保障,遭遇欺诈等遭受资金损失,支付宝或微信都会全额赔付。

无线路由器的应用

无线路由器是带有无线覆盖功能的路由器,它主要应用于用户上网和无线覆盖。无线路由器可以看作一个转发器,将家中墙上接出的宽带网络信号通过天线转发给附近的无线网络设备(笔记本电脑、支持 Wi-Fi 的手机等)。市场上流行的无线路由器一般都支持专线 xDSL、Cable、动态 xDSL、PPTP 4 种接入方式,它还具有其他一些网络管理的功能,如 DHCP 服务、NAT 防火墙、MAC 地址过滤等。

1. 工作原理

无线路由器(wireless router)可以看作将单纯性无线 AP 和宽带路由器合二为一的扩展型产品,它不仅具备单纯性无线 AP 的所有功能,如支持 DHCP 客户端、支持 VPN、防火墙、支持 WEP 加密等,而且包括网络地址转换(network address translation,NAT)功能,可支持局域网用户的网络连接共享,可实现家庭无线网络中的 Internet 连接共享,实现 ADSL Modem、Cable Modem 和小区宽带的无线共享接入。无线路由器可以与所有接入以太网的 ADSL Modem 或 Cable Modem 直接相连,也可以在使用时通过交换机/集线器、宽带路由器等局域网方式再接入。其内置有简单的虚拟拨号软件,可以存储用户名和密码拨号联网,可以实现为拨号接入 Internet 的 ADSL、Cable Modem 等提供自动拨号功能,而无须手动拨号或占用一台计算机做服务器使用。此外,无线路由器一般还具备相对更完善的安全防护功能。

3G 路由器是在原路由器中嵌入了无线 3G 模块。首先用户使用一张资费卡(USIM 卡)插入 3G 路由器,通过运营商的 3G 网络 WCDMA、TD-SCDMA 等进行拨号联网,就可以实现数据传输、上网等。路由器有 Wi-Fi 功能实现共享上网,只要手机、计算机、PSP 有无线网卡或者带 Wi-Fi 功能就能通过 3G 无线路由器接入 Internet,为实现无线局域网共享 3G 无线网提供了极大的方便。部分厂家的还带有有线宽带接口,不用 3G 也能正常接入互联网。通过 3G 无线路由器,可以实现宽带连接,达到或超过当前 ADSL 的网络带宽,在物联网等应用中变得非常广泛。

2. 优点

1) 智能化管理

双 WAM 3.75G Wireless-N 宽带路由器/无线路由器,让用户在 Wi-Fi 安全保障之下,随时随地享受极速网络生活,永不掉线,智能管理配备了 3G 和 Wireless-N 技术。JGR-N605 是一个全功能的网络设备,它能够让用户自由享受无忧的网络连接,无论是在室外会议、展会、会场、工厂、家里还是路上,通过 USB 接口,该硬件可以让台式计算机和笔记本电脑享用有线或者无线网络。通过 JGR-N605,用户可以轻松下载图片、高清晰视频,运行多媒体软件,观赏电影或者与客户、团队成员、朋友或者家人共享文件。这个路由器甚至可以作为打印机服务器,WebCam 或者 FTP 服务器使用,实现硬件的网络共享。当它连接 3G 网络时,通过 JGR-N605 的增值应用软件,可以随时监控 3G 网络的连接状态。同时,管理中心能够让用户监控或者最大化网络连接,也可以管理 3G 月流量。

2) 多功能服务

无线路由器的 USB 接口可以作为多功能服务器来帮助用户建立一个属于自己的网络,当用户外出时,可以使用办公室打印机,通过 WebCam 监控房子,与同事或者朋友共享文件,甚至可以下载 FTP 或 BT 文件。

3) 多功能展示工具

独特的 3G 管理中心是一个多功能展示工具,它在视觉上展示信号情况,可使用户最大限度地利用它们的连接。利用上传速度、下载速度可以监视带宽。这种工具可以计算出每月使用的数据总量或者时间总量。

4) 增益天线信号

在无线网络中,天线可以达到增强无线信号的目的,可以把它理解为无线信号的放大器。天线对空间不同方向具有不同的辐射或接收能力,而根据方向性的不同,天线有全向和定向两种。

(1) 全向天线。在水平面上,辐射与接收无最大方向的天线称为全向天线。全向天线由于无方向性,所以多用在点对多点通信的中心台。如果要在相邻的两幢楼之间建立无线连接,可以选择这类天线。

(2) 定向天线。有一个或多个辐射与接收能力最大方向的天线称为定向天线。定向天线能量集中,增益相对全向天线要高,适合于远距离点对点通信,同时由于具有方向性,抗干扰能力比较强。例如,在一个小区里需要横跨几幢楼建立无线连接时,就可以选择这类天线。

3. 网络参数设置

常见的无线路由器一般有一个 RJ-45 接口作为 WAN 端口,也就是 UPLink 到外部网络的接口,其余 2～4 个口为 LAN 端口,用来连接普通局域网,内部有一个网络交换机芯片,专门处理 LAN 端口之间的信息交换,如图 4-24 所示。通常无线路由的 WAN 端口和 LAN 端口之间的路由工作模式采用 NAT 方式。

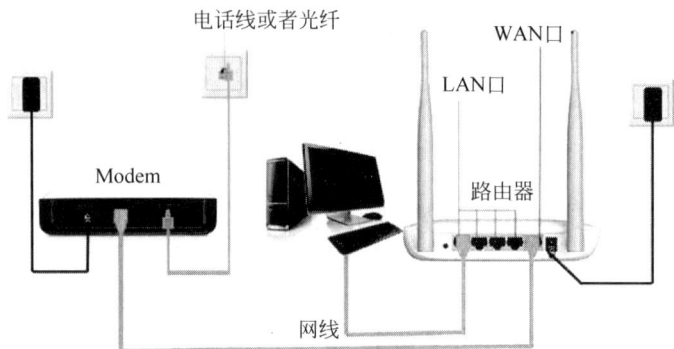

图 4-24　无线宽带路由器端口说明

所以,无线路由器也可以作为有线路由器使用。

配置无线路由器之前,必须将 PC 与无线路由器用网线连接起来,网线的一端要接到无线路由器的 LAN 端口上。物理连接安装完成后,要想配置无线路由器,还必须知道两个参数,一个是无线路由器的用户名和密码;另外一个是无线路由器的管理 IP 地址。一般无线路由器默认管理 IP 地址是 192.168.1.1 或者 192.168.0.1,用户名和密码都是 admin。

要想配置无线路由器,必须让 PC 的 IP 地址与无线路由器的管理 IP 在同一网段,子网掩码用系统默认的即可,网关无须设置。

在浏览器的网址栏中,输入无线路由器的管理 IP 地址,桌面会弹出一个登录界面,将用户名和密码填写进入之后,就进入了无线路由器的配置界面。

进入无线路由器的配置界面之后,系统会自动弹出一个"设置向导"界面。在"设置向导"界面中,系统只提供了 WAN 端口的设置。建议用户不要理会"设置向导"界面,直接进入"网络参数设置"界面。

在无线路由器的网络参数设置中,必须对 LAN 端口和 WAN 端口的参数进行设置。在实际应用中,很多用户只对 WAN 端口进行了设置,LAN 端口的设置保持无线路由器的默认状态。

要想让无线路由器保持高效、稳定的工作状态,除对无线路由器进行必要的设置之外,还要进行必要的安全防范。用户购买无线路由器的目的就是方便自己,如果无线路由器是一个公开的网络接入点,其他用户都可以共享,这种情况下,用户的网络速度还会稳定吗? 为了无线路由器的安全,用户必须清除无线路由器的默认 LAN 设置。

例如,有一个无线路由器,默认 LAN 端口地址是 192.168.1.1,为了防止他人入侵,可以将 LAN 地址更改为 192.168.1.254,子网掩码不做任何更改。LAN 端口地址设置完毕,单击"保存"按钮后会弹出重新启动的对话框。

配置了 LAN 端口的相关信息之后,再配置 WAN 端口。对 WAN 端口进行配置之前,先要搞清楚自己的宽带属于哪种接入类型,是固定 IP 地址、动态 IP 地址、PPPoE 虚拟拨号、PPTP、L2TP、802.1x+动态 IP 地址,还是 802.1x+静态 IP 地址。如果使用的是固定 IP 地址的 ADSL 宽带,则 WAN 端口连接类型应选择"PPPoE 虚拟拨号",然后把 IP 地址、子网掩码、网关和 DNS 服务器地址填写进去就可以了。

4. 防止非授权用户蹭网

使用无线路由器的时候最苦恼的就是自己的网络被别人蹭用,家用无线路由器应该要怎么进行设置以防止别人盗用网络呢? 可以通过下面几个方法。

1) 修改密码

密码被盗用,最简单的方法就是把密码改了,用 WPA2 这类比较新的加密技术。

2) MAC 物理地址绑定和过滤

关于 MAC 地址,有两个方式可以用:①绑定自己的 MAC 地址;②过滤别人的 MAC 地址。通过无线主机状态可以得到蹭网者的 IP 地址和 MAC 地址,打开 MAC 地址过滤表,把对方的主机过滤掉,让他无法再上网。

3) 关闭 DICH 使用静态 IP 地址

DHCP 的功能是用来自动下发 IP 地址给需要获取 IP 地址的计算机,关闭路由器的 DHCP 功能,同时把 SSID 号和密码都换了,最好把 LAN 端口的上网网段给换了,然后自己再回到计算机设置 IP 地址,用固定 IP 地址上网。只要别人不知道你的上网网段,就算账号、密码被盗,他也没有正确的 IP 地址可以上网。

4) 关闭 SSID 广播,让别人搜不到你

在路由器无线设置的基础参数里面有一个 SSID 广播的选项,不要勾选这个选项,就可不外放自己的 Wi-Fi 名称了,如果想上网,需要在无线终端上自己手动建立连接。

5. 路由器选购技巧

随着宽带网络的逐步普及,宽带路由器已经得到越来越广泛的应用,衍生并发展了宽带路由市场,路由器产品也是种类繁多,使大多数想要购买路由器但又缺乏基本技术的消费者无从选择,因此,这里对宽带路由器的主要性能指标逐一进行分析解读,希望对大家选择宽带路由器有所帮助。

1) 使用方便

在购买路由器时一定要注意路由器相关说明或在商家处询问清楚是否提供 Web 界面管理,否则对于家庭用户来说可能存在配置或维护方面的困难。并且许多路由器维护界面已经是全中文,界面更加人性化,让操作变得更简单。

2) LAN 端口数量

LAN 端口即局域网端口,由于家庭计算机数量不可能有太多,所以局域网端口数量只要能够满足需求即可,过多的 LAN 端口对于家庭来说只是一种浪费,而且会增加不必要的开支。

3）WAN 端口数量

WAN 端口即宽带网端口，用于接入 Internet。通常在家庭宽带网络中 WAN 端口会接入小区宽带的 LAN 端口或 ADSL Modem 等。而一般家庭宽带用户对网络要求并不是很高，所以，路由器的 WAN 端口一般只需要一个就够了，不必要为了过分追求网络带宽而采用多 WAN 端口路由器，也不必要花多余的钱。

4）带宽分配方式

需要了解所购买的路由器 LAN 端口的带宽分配方式。有些不知名品牌厂商所生产的家用路由器实际上是采用了集线器的共享宽带分配方式，即在局域网内部的所有计算机共同分享 10/100Mb/s 的带宽，而不是路由器的独享带宽分配方式，即单独拥有 10/100Mb/s 的带宽，因此这种产品在局域网内部传送数据时对网络传输速率有很大影响。

5）功能适用

很多宽带路由器都提供了防火墙、动态 DNS、网站过滤、DMZ、网络打印机等功能。其中有的功能对于家庭宽带用户来说比较实用，如防火墙、网站过滤、DHCP、虚拟拨号功能等，但有些功能对于一般家庭宽带用户来说却是几乎用不上，如 DMZ、VPN、网络打印机功能等。所以在选购家用路由器时要考虑有没有必要为一些几乎用不上的功能付费。

6）品牌可靠性

作为知名品牌的路由器，其质量和信誉肯定是公认的，可是网络产品同世界一起在发展，不少厂商正如雨后春笋般发展起来，但也难免产品质量良莠不齐。为了让自己买得放心，用起来省心，建议还是选择一些品牌有保证，并且性价比较高的经济适用型产品。

物联网技术

物联网是新一代信息技术的重要组成部分，也是"信息化"时代的重要发展阶段。其英文名称是 Internet of things(IoT)。顾名思义，物联网就是物物相连的互联网。这有两层含义：①物联网的核心和基础仍然是互联网，是在互联网基础上的延伸和扩展的网络；②网络用户端延伸和扩展到了任何物品与物品之间。物联网通过智能感知、识别技术与普适计算等通信感知技术，广泛应用于网络的融合中，也因此被称为继计算机、互联网之后世界信息产业发展的第三次浪潮。物联网是互联网的应用拓展，与其说物联网是网络，不如说物联网是业务和应用。因此，应用创新是物联网发展的核心，以用户体验为核心的创新 2.0 是物联网发展的灵魂。

物联网这个词，国内外普遍公认的是麻省理工学院的 Ashton 教授在 1999 年研究 RFID 时最早提出来的。在 2005 年国际电信联盟(ITU)发布的同名报告中，物联网的定义和范围已经发生了变化，覆盖范围有了较大的拓展，不再只是指基于 RFID 技术的物联网。

2009 年 8 月以来，物联网被正式列为我国五大新兴战略性产业之一，物联网在中国受到了全社会极大的关注，其受关注程度是在美国、欧盟以及其他各国不可比拟的。

简单地讲，物联网是物与物、人与物之间的信息传递与控制。在物联网应用中有三项关键技术。

（1）传感器技术，这也是计算机应用中的关键技术。大家都知道，到目前为止绝大部分计算机处理的都是数字信号。自从有计算机以来就需要传感器把模拟信号转换成数字信号,计算机才能处理。

(2) RFID 标签也是一种传感器技术,RFID 技术是融无线射频技术和嵌入式技术为一体的综合技术,RFID 在自动识别、物品物流管理领域有着广阔的应用前景。

(3) 嵌入式系统技术是融计算机软硬件、传感器技术、集成电路技术、电子应用技术为一体的复杂技术。经过几十年的演变,以嵌入式系统为特征的智能终端产品随处可见,小到人们身边的 MP3,大到卫星系统。嵌入式系统正在改变着人们的生活,推动着工业生产以及国防工业的发展。如果把物联网用人体做一个简单比喻,传感器相当于人的眼睛、鼻子、皮肤等感官,网络就是神经系统。嵌入式系统则是人的大脑,在接收信息后要进行分类处理。这个例子很形象地描述了传感器、嵌入式系统在物联网中的位置与作用。

物联网典型体系架构分为 3 层,自下而上分别是感知层、网络层和应用层。感知层实现物联网全面感知的核心能力,是物联网中关键技术、标准化、产业化方面亟须突破的部分,关键在于具备更精确、更全面的感知能力,并解决低功耗、小型化和低成本问题。网络层主要以广泛覆盖的移动通信网络作为基础设施,是物联网中标准化程度最高、产业化能力最强、最成熟的部分,关键在于为物联网应用特征进行优化改造,形成系统感知的网络。应用层提供丰富的应用,将物联网技术与行业信息化需求相结合,实现广泛智能化的应用解决方案,关键在于行业融合、信息资源的开发利用、低成本高质量的解决方案、信息安全的保障及有效商业模式的开发。

应用创新是物联网发展的核心,以用户体验为核心的创新 2.0 是物联网发展的灵魂。物联网及移动泛在技术的发展,使得技术创新形态发生转变,以用户为中心、以社会实践为舞台、以人为本的创新 2.0 形态正在显现,实际生活场景下的用户体验也被称为创新 2.0 模式的精髓。物联网大量的应用是在行业中,包括智能农业、智能电网、智能交通、智能物流、智能医疗、智能家居等。国家发展物联网的目的,不仅是产生应用效益,更要带动产业发展。有了物联网,每个行业都可以通过信息化提高核心竞争力,这些智能化的应用就是经济发展方式的转变。

就像互联网是解决最后 1km 的问题,物联网其实需要解决的是最后 100m 的问题,在最后 100m 可连接设备的密度远远超过最后 1km,特别是在家庭,家庭物联网应用(即常说的智能家居)已经成为各国物联网企业全力抢占的制高点。作为目前全球公认的最后 100m 主要技术解决方案,ZigBee 得到了全球主要国家前所未有的关注,这种技术与现有的 Wi-Fi、蓝牙、433MHz/315MHz 等无线技术相比更加安全、可靠,同时由于其组网能力强、具备网络自愈能力并且功耗更低,ZigBee 目前已经成为全球公认的最后 100m 的最佳技术解决方案。

項目 **5**

新一代信息技术

【项目导读】

新一代信息技术是指在传统信息技术基础上,结合了物联网、云计算、大数据、人工智能等前沿技术,形成的一系列创新技术和应用模式。以物联网、云计算、大数据、人工智能为代表的新一代信息技术,既是信息技术的纵向升级,也是信息技术的横向渗透融合。新一代信息技术正在全球范围内引发新一轮的科技革命,并以前所未有的速度转化为现实生产力,引领科技、经济和社会发展。

新一代信息技术也是我国确定的七个战略性新兴产业之一。随着科技的迅猛发展和全球经济的快速变化,新一代信息技术正逐渐成为推动社会进步和经济发展的重要引擎。物联网、云计算、大数据和人工智能等技术的崛起,正在改变着人们的生活方式、商业模式和产业结构。这些技术的应用为企业提高效率和降低成本的同时,也为创新创业提供了广阔的机会。同时,这些技术的发展也给经济和社会发展带来了新的机遇和挑战。

【职业素养】

(1) 具有一定的创新意识和创新精神,能够对新知识、新技术进行主动探索和实践,提高解决问题的能力培养创新创业的精神。

(2) 树立正确的信息伦理观念,强调信息的合法性、准确性和隐私保护,具备社会责任感和法律意识,注重信息安全和个人隐私保护。

(3) 能够利用批判性思维对信息进行分析、评估和判断,提高自身信息素养。

(4) 具有一定的国际视野和跨文化交流能力,了解和尊重不同文化背景下的信息技术应用。

【学习目标】

(1) 理解新一代信息技术各主要代表技术的基本概念。

(2) 了解新一代信息技术各主要代表技术的特点。

(3) 了解新一代信息技术各主要代表技术的典型应用。

(4) 能够熟练使用信息检索工具查找资料。

（5）能够归纳总结知识与技能。

任务 5.1　物联网

5.1.1　物联网的基本概念

顾名思义,物联网就是"物物相连的互联网"。从网络结构上看,物联网是一个通过Internet将众多信息传感设备与应用系统连接起来并在广域网范围内对物品身份进行识别的分布式系统。

目前较为公认的物联网的定义是:物联网就是把所有物品通过射频识别(RFID)、红外线传感器、全球定位系统、激光扫描仪等信息传感设备与互联网连接起来(见图 5-1),进行信息交换和通信,实现智能化识别、定位、跟踪、监控和管理的系统。当每个而不是每种物品能够被唯一标识后,利用识别、通信和计算等技术,在互联网基础上,构建的连接各种物品的网络,就是人们常说的物联网。

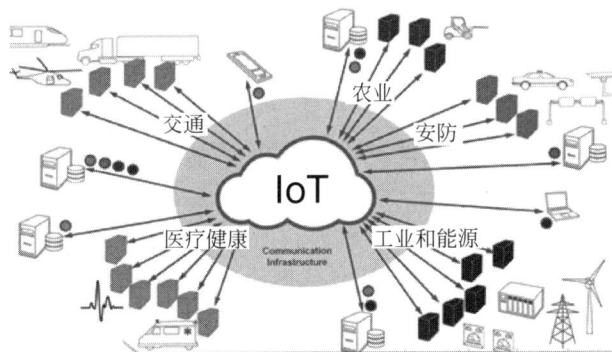

图 5-1　物联网示意图

例如,某科研室人员经常在实验室的二楼办公,但是咖啡机却放置在一楼,煮咖啡时经常需要到一楼看咖啡是否煮好,这样显然很不方便。他们安装了一个摄像头,并且编写了一套程序,以每秒 3 帧的速度将视频传输到二楼的计算机上,方便他们随时观察咖啡是否煮好。这是物联网应用中一个非常有创意的应用。

物联网具有以下特点。

（1）全面感知,随时随地采集各种对象的动态。

（2）实时传送对象的状态。

（3）智能控制对象的运行。

物联网是新一代人工智能发展的土壤和基础设施,主要应用于智能手机、智能音箱、智能家居、智能安防、智能交通、智能农业、智能物流、智慧城市等领域,将改善人们的生活方式。

5.1.2　物联网的技术架构

物联网是典型的交叉学科,它涉及的核心技术包括 IPv6 技术、云计算技术、传感器技术、RFID 技术、无线通信技术等。因此,从技术角度看,物联网主要涉及的专业有计算机科学与工程、电子与电气工程、电子信息与通信、自动控制、遥感与遥测、精密仪器、电子商务等。如图 5-2 所示为通用的物联网技术架构。

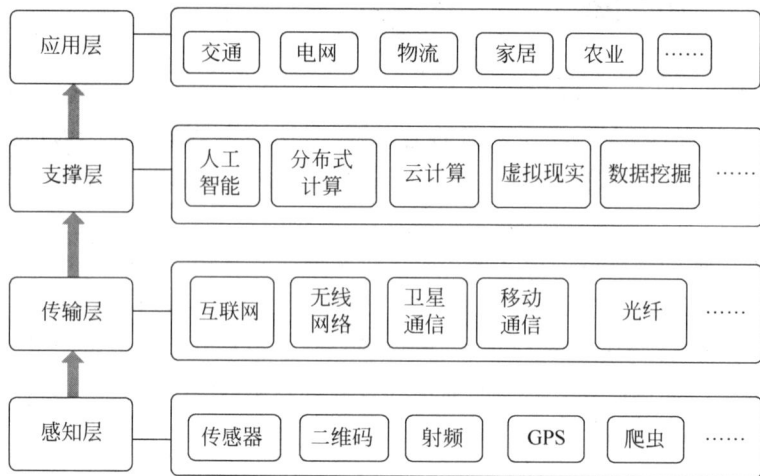

图 5-2　物联网技术架构

感知层是物联网的底层,包括各种传感器、执行器和物联网设备。这些设备负责感知和采集环境中的各种数据,如温度、湿度、光照等。感知层的设备通常与物理世界直接交互,将采集到的数据传输到上层。

传输层负责将感知层采集的数据传输到其他层。传输层包括各种网络技术和协议,有无线网络(如 Wi-Fi、蓝牙、ZigBee 等)、有线网络(如以太网)以及专用的物联网通信协议(如 MQTT 协议、CoAP 等)。传输层的主要任务是确保数据的可靠传输和安全性。

支撑层提供了物联网系统的基础设施和支持,包括云平台、数据存储和处理、安全验证和身份管理等。云平台提供了大规模的数据存储和计算能力,支持物联网设备的数据存储、处理和分析。安全验证和身份管理确保物联网系统的安全性和可信度。

应用层是物联网的顶层,包括各种基于物联网数据的应用和服务。这些应用和服务可以基于物联网设备的数据,提供智能化的功能和解决方案,如智能家居、智慧城市、智能交通等。应用层的目标是为用户提供实际的价值和便利。

这样的物联网技术架构可以实现从感知到传输、支撑再到应用的全过程,将物理世界与数字世界紧密连接起来,并为用户提供各种智能化的应用和服务。

5.1.3　物联网感知层关键技术

1. 嵌入式系统技术

嵌入式系统技术是物联网感知层的关键技术之一。嵌入式系统是指集成在其他设备或系统中的计算机系统,它具有专门的功能和任务,通常运行在资源有限的环境中。在物联网感知层中,嵌入式系统技术用于控制和管理各种传感器和设备。它可以通过采集传感器数据、处理数据、执行控制算法等功能,实现对物理世界的感知和交互。嵌入式系统已经广泛应用于各个科技领域和日常生活的每个角落。

与通用计算机系统相比,嵌入式系统具有以下几个重要特征。

（1）嵌入式系统大多工作在为特定用户群设计的系统中，具有低功耗、体积小、集成度高等特点。

（2）硬件和软件都能被高效率地设计，尽量在同样的芯片上实现更高的性能，以满足功能、可靠性和功耗的苛刻要求。

（3）为了合理地调度多任务，充分利用系统资源，用户必须自行选配实时操作系统开发平台。

（4）与具体应用有机地结合在一起，它的升级换代也是和具体产品同步进行的，因此嵌入式系统产品一旦进入市场，具有较长的生命周期。

（5）软件一般固化在存储器芯片或单片机本身中。

（6）嵌入式系统本身不具备自主开发能力，即使在设计完成后，用户通常也不能对程序功能进行修改，必须有一套开发工具和环境才能进行开发，如评估开发板。

2．传感器技术

1）传感器的概念

传感器是一种检测装置，能感受到被测量的信息，并能将感受到的信息，按一定规律变换为电信号或其他所需形式的信息输出，以满足信息的传输、处理、存储、显示、记录和控制等要求。

2）传感器的特点

传感器的主要特点是微型化、数字化、智能化、多功能化、系统化、网络化。这些都是实现自动检测和自动控制的重要环节。传感器的存在和发展，让物体有了触觉、味觉和嗅觉等感官，让物体慢慢变得"活"了起来。通常根据其基本感知功能分为热敏元器件、光敏元器件、气敏元器件、力敏元器件、磁敏元器件、湿敏元器件、声敏元器件、放射线敏感元器件、色敏元器件和味敏元器件等十大类。

3）传感器的组成

传感器一般由敏感元器件、转换元器件、变换电路和辅助电源四部分组成。

敏感元器件直接感受被测量，并输出与被测量有确定关系的物理量信号；转换元器件将敏感元件输出的物理量信号转换为电信号；变换电路负责对转换元件输出的电信号进行放大调制；转换元件和变换电路一般还需要辅助电源供电。

4）传感器的种类

图 5-3 展示了各种类型的传感器。

（1）电阻式传感器。电阻式传感器是将被测量的物理量（如位移、形变、力、加速度、湿度、温度等）转换成电阻值的一种器件，主要分为电阻应变式、压阻式、热电阻、热敏、气敏、湿敏等类型。

（2）变频功率传感器。变频功率传感器通过对输入的电压、电流信号进行交流采样，再将采样值通过电缆、光纤等传输系统与数字量输入二次仪表相连，数字量输入二次仪表对电压、电流的采样值进行运算，可以获取电压有效值、电流有效值、基波电压、基波电流、谐波电压、谐波电流、有功功率、基波功率、谐波功率等参数。

（3）称重传感器。称重传感器是一种能够将重力转变为电信号的力—电转换装置

（4）热电阻传感器。热电阻传感器基于金属导体的电阻值随温度的增加而增加这一

图 5-3　各种类型的传感器

特性来进行温度测量。热电阻传感器大都由纯金属材料制成，分为正温度系数传感器和负温度系数传感器两种。

（5）激光传感器。激光传感器由激光器、激光检测器和测量电路组成。是一种新型的测量仪表。

（6）霍尔传感器。霍尔传感器（见图 5-4）是根据霍尔效应制作的一种磁场传感器。霍尔传感器分为线性型霍尔传感器和开关型霍尔传感器两种。线性型霍尔传感器由霍尔元件、线性放大器和射极跟随器组成，它输出模拟量。而开关型霍尔传感器由稳压器、霍尔元件、差分放大器，施密特触发器和输出级组成，它输出数字量。

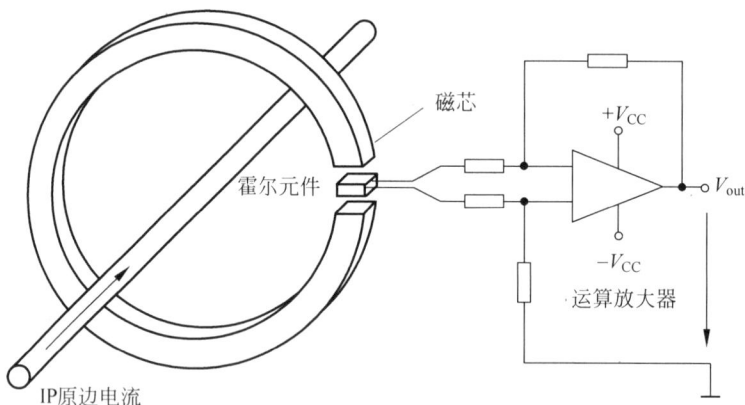

图 5-4　霍尔传感器

3. 网络连接技术

网络连接技术用于连接外围设备到计算机、计算机到计算机、计算机到网络设备、网络设备到网络设备等。常用的网络传输媒介可分为有线和无线两类。有线传输媒介主要有同轴电缆、双绞线及光缆;无线媒介有微波、无线电、激光和红外线等。网络间连接设备就充当"翻译"的角色,将一种网络中的"信息包"转换成另一种网络中的"信息包"。物联网专用的通信协议有 ZigBee、NFC、Wi-Fi、GPRS、USB、NB-IoT、RFID、蓝牙、Lora 等。

4. 射频识别技术

射频识别技术是 20 世纪 90 年代兴起的一种非接触式自动识别技术,该技术的商用促进了物联网的发展。它通过射频信号等一些先进手段自动识别目标对象并获取相关数据,有利于人们在不同状态下对各类物体进行识别与管理。

射频识别系统通常由电子标签和阅读器组成。电子标签内存有特定格式的标识物体信息的电子数据,是代替条形码走进物联网时代的关键技术之一。该技术具有的优势是:①RFID 标签能够轻易嵌入或附着,并对所附着的物体进行追踪定位;②数据的读取距离更远,存取时间更短;③数据存取有密码保护,安全性更高。RFID 目前有很多频段,其中 13.56MHz 频段和 900MHz 频段的无源射频识别标签应用最为常见。短距离应用方面通常采用 13.56MHz HF 频段;而 900MHz 频段多用于远距离识别,如车辆管理、产品防伪等领域。阅读器与电子标签可按通信协议互传信息,即阅读器向电子标签发送命令,电子标签根据命令将内存的标识性数据回传给阅读器。RFID 技术与互联网、通信等技术相结合,可实现全球范围的物品跟踪与信息共享。

任务 5.2　云计算

5.2.1　云计算的基本概念

云计算是一种能够通过网络以便利的、按需付费的方式获取计算资源,这些资源来自一个共享的、可配置的资源池,并能够以便捷和无人干预的方式获取和释放。与传统的网络应用模式相比,云计算具有使用虚拟化技术、动态可扩展、按需部署、灵活性高、可靠性高、性价比高、可扩展性强等特点。对一般的用户来说,"云计算"并不容易理解,通俗地讲就是:让计算、存储、网络、数据、算法、应用等软硬件资源像电一样,按需所取、即插即用。

云计算最初用于资源管理,管理的目标主要是计算资源、网络资源、存储资源等,实现从资源到架构全面弹性(见图 5-5)。

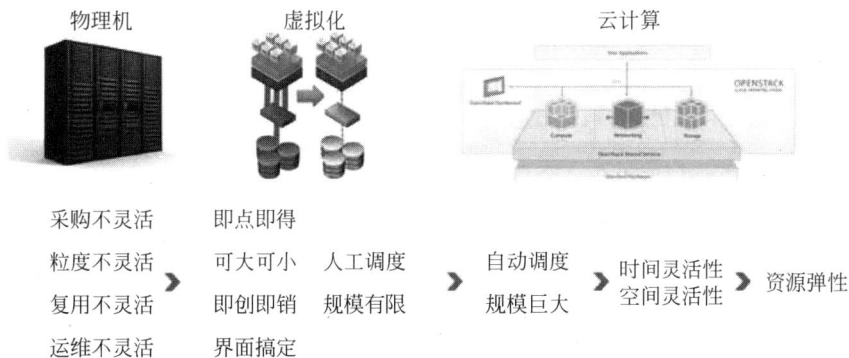

图 5-5　云计算目标:从资源到架构的全面弹性

云计算中常用的概念如下。

（1）虚拟化。云计算基于虚拟化技术，将物理资源（如服务器、存储设备）抽象为虚拟资源，使用户可以按需使用这些资源，而无须关心底层的物理实现。

（2）弹性伸缩。云计算平台具有弹性伸缩的能力，能够根据用户的需求自动调整计算资源的规模，使用户可以根据实际需求快速扩展或缩减计算能力，提高资源利用率。

（3）自助服务。云计算提供了自助服务的能力，用户可以通过自助门户或 API 接口，按需自主管理和配置计算资源，如创建虚拟机、存储空间等。

（4）按需付费。云计算采用按需付费的模式，用户只须根据实际使用的计算资源和服务付费，无须提前投入大量资金购买硬件设备。

（5）多租户架构。云计算平台采用多租户架构，多个用户可以共享同一组计算资源，但彼此之间相互隔离，确保安全性和隐私。

（6）高可用性和容错性。云计算平台通常具有高可用性和容错性，通过冗余和备份机制，确保服务的连续性和可靠性。

5.2.2　云计算的核心技术

云计算中最核心的技术是虚拟化和分布式技术。为了便于理解，下面先从一个小故事开始。

一个村子有很多人家。张三家只有一个女儿，粮食总是吃不完，相当于资源闲置。李四家有五个儿子，粮食总是不够，相当于资源紧缺。这还不算，王五家时不时来一大堆客人，粮食够不够谁也说不准，相当于计算波动大。于是，张三家添了几双筷子几个碗，可以让别人来吃，相当于一台物理机虚拟出更多台虚拟机。谁家有多少粮食、几张桌子、几双筷子、几个碗，村主任记在自己的小本本上，相当于统一调度，形成了资源池。李四和王五家不够吃的时候，拿小板凳去张三家，相当于分布式。

虚拟化和分布式在共同解决一个问题，就是物理资源重新配置形成逻辑资源。其中虚拟化的工作是构造一个资源池，而分布式的工作是使用这个资源池。虚拟化包括计算虚拟化、网络虚拟化和存储虚拟化（见图 5-6）。

计算虚拟化通常做的是一虚多，即一台物理机虚拟出多台虚拟机，使实际的物理资源最大化，包括全虚拟化、超虚拟化、硬件辅助虚拟化、半虚拟化和操作系统虚拟化。类似于计算虚拟化，网络虚拟化同样解决的是网络资源占用率不高、手动配置安全策略过于麻烦的问题，采用的思路同样是把物理的网络资源抽象成一个资源池，然后动态获取。

图 5-6　虚拟化产生的三大资源池

网络虚拟化目前有控制转发分离、控制面开放、虚拟逻辑网络和网络功能虚拟化等不同的思想路线。存储虚拟化通常做的是"多虚一"，除了解决弹性、扩展问题外，还解决备份的问题。

分布式技术可以将计算任务和计算数据分布在多台计算机或服务器上，并通过网络进行协同工作，以提供更高的计算能力和存储容量。分布式技术的主要目标是将大规模的计算和数据处理任务分解成多个较小的子任务,并将这些子任务分配给多个计算节点进行并行处理。通过分布式技术,可以将计算负载均衡地分布在多个计算节点上,实现更高的计算效率和吞吐量。此外,分布式技术还可以提高容错性和可靠性。当其中一个计算节点发生故障时,其他节点可以接管任务并继续进行计算,从而保证系统的可用性。

5.2.3　云计算的服务模式

云服务包括基础设施即服务(IaaS)、平台即服务(PaaS)和软件即服务(SaaS)。这三类服务在云计算体系中以相互依存的关系存在。

例如,房子是人们生活的必需品,从前的农村,人们生活所用的房子都是自己建造的。随着社会文明的不断发展,在后续的生活中,人们逐渐发现,自己建造房屋不仅成本很高,而且后期耗费的人工成本和时间精力都非常巨大,于是便有了"云"服务的概念。

IaaS 相当于毛坯房,有专业的建筑商负责建造,并以商品的形式向人们进行出售。房子如何使用,完全由购买者自己决定,屋内的装修、家具也可以自己主张。作为一种云计算服务产品,IaaS 服务商支持用户访问服务器、存储器和网络等计算资源。用户可以在服务商的基础架构中使用自己的平台和应用(见图 5-7)。

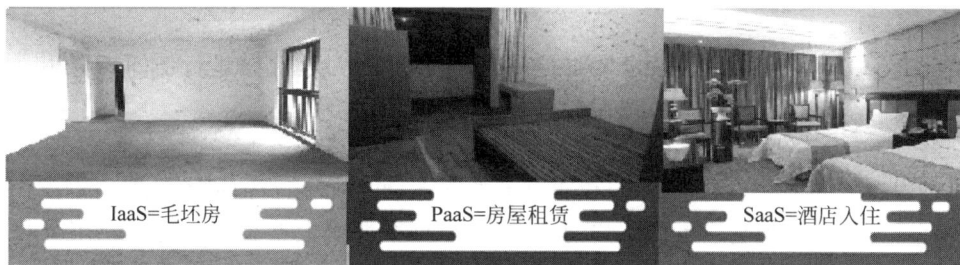

图 5-7　云计算基础设施

PaaS 相当于房屋租赁,房子用途会被不同的条件所限制,屋内的装修、家具都是由建筑商负责,不够再租也比较方便。作为一种云计算服务,PaaS 能够提供运算平台与解决方案服务。服务商支持用户访问基于云的环境,而用户可以在其中构建和交付应用。

SaaS 则相当于酒店入住,只须办理"拎包入住"的流程即可,完全不用操心房屋的维护与管理,还有不同的风格和价位,可以随意选择。作为一种软件交付模式,SaaS 仅需通过互联网服务用户,而无须通过安装。

这些云服务形式为用户提供了灵活、可扩展和经济高效的计算资源和应用程序。用户可以根据实际需求选择适合自己的云服务形式,从而降低 IT 成本、提高效率和灵活性。

5.2.4　云计算的部署方式

按客户部署方式分类,云计算可分为私有云、公有云及混合云三类,如图 5-8 所示。

1. 私有云

私有云是为某个特定用户或机构建立的云计算环境。它的部署范围通常限定在该用户或机构的私有网络内,由其自行拥有和管理。私有云提供了一种安全、可控的云计算解

图 5-8   云计算的分类

决方案,使用户能够更好地满足其特定需求和要求。由于私有云在用户自己的数据中心内部署,用户可以更好地掌握数据的存储和处理过程,确保数据不会离开其内部网络。这对于处理敏感数据、保护知识产权或满足特定行业法律法规要求的组织来说尤为重要。另外,私有云还提供了更高的控制权和定制化能力。用户可以根据自己的需求和业务流程来构建和管理私有云环境,包括选择硬件设备、配置软件平台、设置安全策略等。这使得私有云能够更好地适应用户的特定业务需求,提供个性化的计算环境和服务。

2. 公有云

公有云由云服务提供商建立和维护,供多个用户通过互联网进行访问和使用。它的主要特点有多租户、弹性扩展、按需付费、高可用性和安全性。

(1)公有云采用多租户模式,即多个用户共享同一份云资源。这意味着云服务提供商可以通过资源的共享和优化,提供更高效的服务,并降低用户的成本。多租户模式还使得公有云可以灵活地适应不同用户的需求,从小型企业到大型企业都可以使用公有云来满足其业务需求。公有云是为大众建设的,所有入驻用户都称租户,不仅同时有很多租户,而且一个租户离开,其资源可以马上释放给下一个租户,就如饭店里一桌顾客走了马上会迎来下一桌顾客。

(2)公有云具有弹性扩展的能力。云服务提供商可以根据用户的需求动态地调整资源的分配,以满足不同的工作负载。这种弹性扩展的特性使得用户可以根据业务需求快速扩展或缩减资源,提高了业务的灵活性和响应能力。

(3)公有云采用按需付费的模式,用户只须根据实际使用的资源量付费,无须提前投入大量资金购买硬件设备。这种按需付费的方式使得用户可以根据业务需求灵活地调整成本,并且避免了资源浪费的问题。

(4)公有云还具有高可用性和安全性的特点。云服务提供商通常会在多个地理位置建立数据中心,以确保数据的备份和容灾能力。同时,云服务提供商也会采取各种安全措施,如数据加密、身份验证和访问控制,保护用户的数据安全和隐私。

3. 混合云

混合云是一种将公有云和私有云相结合的云计算架构模型。在混合云中,企业可以同时利用公有云和私有云的优势,以满足不同的业务需求和数据安全性要求。这种混合可以是计算的、存储的,也可以两者兼而有之。在公有云尚不完全成熟而私有云存在运维难、部署时间长、动态扩展难的阶段,混合云是一种较为理想的平滑过渡方式。不混合是相对的,混合是绝对的。在未来,即使不是自家的私有云和公有云做混合,也需要内部的数据与服务与外部的数据与服务进行不断的调用(PaaS 级混合)。并且还有可能,一个大型客户把业务放在不同的公有云上,相当于把鸡蛋放在不同篮子里,不同篮子里的鸡蛋自然需要统一管理,这也算广义的混合。

任务 5.3 大数据

5.3.1 大数据的基本概念

大数据是指规模庞大、复杂多样、难以通过传统数据处理工具进行管理和处理的数据集合。随着互联网的快速发展和智能设备的普及,大量的数据被不断地产生和积累,这些数据包含了人们的日常活动、社交媒体消息、传感器数据、交易记录等各个领域的信息。这些数据的规模和多样性给传统的数据处理方式带来了巨大的挑战。大数据的处理和分析对于企业和组织来说具有重要意义。通过对大数据进行挖掘和分析,可以帮助人们发现潜在的商业机会、优化业务流程、改善决策效果等。

大数据作为继物联网、云计算之后,成为 IT 领域又一次颠覆性的理念,备受人们的关注。大数据已经渗透到每一个行业和业务职能领域,对人类的社会生产和生活产生重大而深远的影响。根据维基百科的定义,大数据是指难以用常用的软件工具在可容忍时间内抓取、管理以及处理的数据集。大数据具有数据体量巨大、数据类型繁多、要求的处理速度快等显著特征。

5.3.2 大数据的 5V 特征

IBM 把大数据特征归结为 5V 特征(见图 5-9),即 volume、velocity、variety、veracity 和 value。这些特征描述了大数据所具有的规模、速度、多样性、真实性和价值等方面的特点。

(1) volume(数据量)。大数据的首要特征是其庞大的数据量。传统的数据处理方法难以处理如此庞大的数据集,因此需要采用分布式处理和存储技术来有效管理和分析大数据。

(2) velocity(数据速度)。大数据的产生速度非常快,数据以极高的速度不断涌入系统。这要求数据处理系统具备快速的实时处理能力,能够及时地捕获、处理和分析数据。

(3) variety(数据多样性)。大数据不仅包括结构化数据(如数据库中的表格数据),还包括非结构化数据(如文本、图像、音频、视频等)。这些数据来自不同的来源和格式,需要采用适当的技术和方法来处理和分析。

(4) veracity(数据真实性)。大数据中存在着数据质量问题,包括数据的准确性、完整性和一致性等。由于大数据的多样性和复杂性,

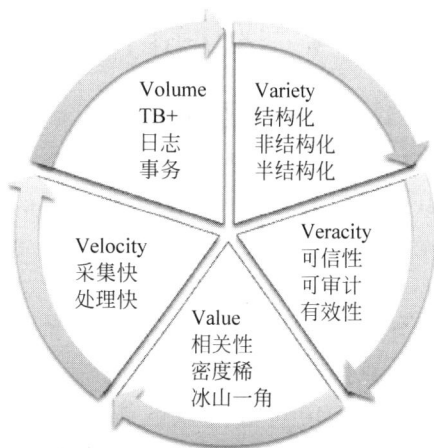

图 5-9 大数据 5V 特征

需要进行数据清洗、去重和验证等处理,以确保数据的真实性和可信度。

(5) value(数据价值)。大数据的最终目的是从巨量的数据中提取有价值的信息并进行分析,以支持决策和创新。通过对大数据的分析和挖掘,可以获得对业务和市场的深入理解,提高效率和竞争力。

5V特征揭示了大数据的规模、速度、多样性、真实性和价值等方面的特点,也为大数据的处理和应用提供了指导和挑战。

5.3.3 大数据思维

1. 整体思维

整体思维就是根据全部样本中得到的结论,即"样本＝总体"。因为大数据是建立在掌握所有数据,至少是尽可能多的数据的基础上的,所以整体思维可以正确地考察细节并进行新的分析。如果数据足够多,人们就会觉得有足够的能力把握未来,从而作出自己的决策。从采样中得到的结论总是有水分的,而根据全部样本中得到的结论水分就很少,数据越大,真实性也就越大。

2. 相关思维

相关思维要求人们只需要知道是什么,而不需要知道为什么。在这个不确定的时代,等人们找到准确的因果关系,再去办事的时候,这个事情可能早已经不值得办了。所以,社会需要放弃它对因果关系的渴求,仅关注相关关系。为了得到即时信息,实时预测并寻找到相关性信息,比寻找因果关系信息更重要。

3. 容错思维

实践表明,只有5%的数据是结构化且能适用于传统数据库的。如果不接受容错思维,剩下95%的非结构化数据都无法被利用。对小数据而言,因为收集的信息量比较少,必须确保记下来的数据尽量精确。然而,在大数据时代,放松了容错的标准,人们可以利用这95%数据做更多更新的事情。当然,数据不可能完全正确。容错思维让人们可以利用95%的非结构化数据去进一步接近事实的真相。

任务5.4   区块链

5.4.1   什么是区块链

近些年,"区块链"的概念异军突起,BAT以及各大银行及金融机构都在开始自己的区块链研究工作,IBM也成立了自己的区块链研究实验室。

比特币是一种网络虚拟货币,可以跟腾讯公司的Q币类比理解,但又完全不同于Q币。目前比特币已经可以购买现实生活当中的物品。它的特点是分散化、匿名、只能在数字世界使用,不属于任何国家和金融机构,并且不受地域的限制,可以在世界上的任何地方兑换它。

如图5-10所示,区块链是一种分布式账簿技术,它通过去中心化的方式记录和验证交易数据,以确保数据的安全性、透明性和不可篡改性。简单地说,区块链可以被视为一个由多个节点组成的网络,这些节点共同维护和更新一个不断增长的数据记录,称为区块。

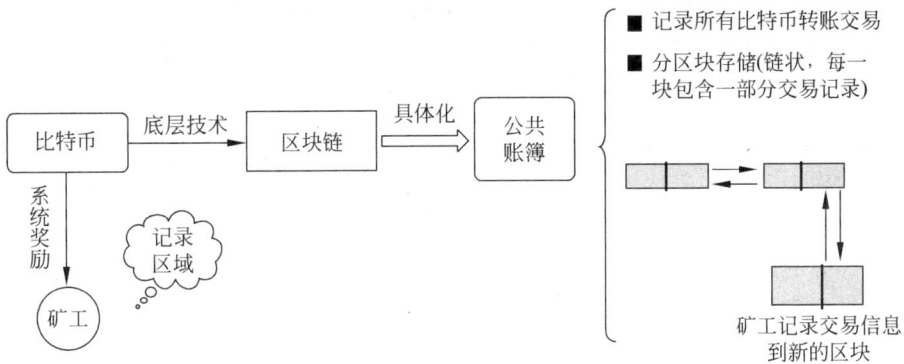

图 5-10 区块链概念

从应用的视角来看,区块链是一个去中心化的数据库,集合了分布式数据存储、点对点传输、共识机制、加密算法等技术,具备去中心化、数据不可篡改、信息公开透明同步更新、数据库安全可靠等优点。区块链的核心技术包括分布式账簿、非对称加密、共识机制、智能合约等。

5.4.2 区块链的主要特征

1. 去中心化

区块链是一种分布式账簿技术,没有中心化的控制机构。如图 5-11 所示,它由多个节点组成,每个节点都有完整的账簿副本,并通过共识算法达成一致。去中心化的特点使得区块链具有抗单点故障和抗单点攻击的能力,提高了系统的可靠性和安全性。

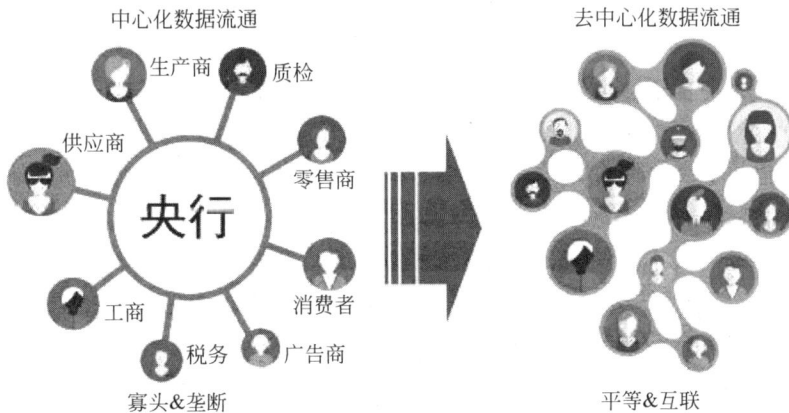

图 5-11 去中心化的数据流通

2. 去信任中介化

传统的交易和数据处理通常需要信任中介机构,如银行、支付机构、证券交易所等,来验证和记录交易的合法性和真实性。而区块链通过使用密码学和共识算法,建立了一个去中心化的网络,使得参与者可以直接进行交易和数据传输,无须依赖中介机构的信任。区块链的去信任中介化带来了多个优势。首先,它降低了交易和数据处理的成本,因为不再需要支付中介机构的费用。其次,它提高了交易的安全性,因为数据在多个节点上进行复制和验证,使得篡改数据变得极为困难。此外,区块链的透明性也使得参与者可以更好地监督和审计交易,增加了交易的可信度。

3. 可扩展

区块链作为一种底层技术,具有开源的特性,这使得它可以实现各种扩展。开源性意味着任何人都可以查看、修改和贡献代码,从而为开发人员提供了极大的自由度和灵活性。通过开源的区块链底层技术,人们可以实现多种扩展方法。例如,通过分片技术,将区块链网络分割成多个片段,每个片段可以独立地处理一部分交易和数据,从而提高整个系统的吞吐量和性能。另外,引入的侧链可以与主链平行存在,处理特定类型的交易或应用,减轻主链负担,提高整体的可扩展性。此外,改进的共识算法也是实现区块链扩展的重要手段。

总结:区块链底层开源,可以实现各种扩展。

4. 匿名化

区块链的匿名化特征是其在保护交易参与者隐私方面的重要优势。通过使用公钥加密、隐私币、混币服务和私有链等技术,区块链可以实现匿名化处理,使得交易参与者的真实身份得以隐藏。

公钥加密技术使用非对称密钥对,确保只有拥有私钥的人才能解密和访问数据,从而保护了用户的身份信息。

隐私币是一种特殊的加密货币,通过使用隐私协议和混币技术,使得交易无法被追踪和关联到特定的用户身份。

混币服务通过将多个交易混合在一起,增加了交易的复杂性和不可追溯性,从而保护了用户的隐私。

私有链是一种基于区块链技术的私有网络,只有被授权的参与者才能查看和验证交易,从而确保了交易的隐私性。然而,需要注意的是,匿名化并非绝对安全,用户仍需谨慎保护个人隐私和信息,避免暴露敏感数据。

5. 信息不可篡改

区块链系统的信息一旦经过验证并添加至区块链后,就会得到永久存储,无法更改(具备特殊更改需求的私有区块链等系统除外)。除非能够同时控制系统中超过51%的节点,否则单个节点上对数据库的修改是无效的,因此区块链的数据稳定性和可靠性极高。

6. 安全性

区块链中的每一个区块都是一段时间内交易信息的打包数据,前后区块之间用密码学算法相连接,一旦信息记录被人篡改,前后区块的校验信息就会发生错误,被网络所抛弃。正是由于账簿全网公开,大家共同验证,导致做假账的成本极大,非常困难,从而能保证在无中心的情况下,交易信息的准确性与真实性。

5.4.3　区块链的行业应用

目前,区块链技术已在一些行业中得到应用。下面介绍区块链在教育行业中的应用情况,然后列出其他行业的应用情况。

1. 区块链在教育行业的应用

(1) 教学可以发生在任何时间、任何地点。借助互联网,任何人都可以在线教学和学习,可以是一对一的教学,也可以是收听或者收看教师的线上教程,学校的疆域被打破了。学生足不出户,就可以向远在哈佛的教师学习。学习不必一定要去教室,通过手机、PC 都可以在任何地方、任何时间进行学习。

(2) 教育可以看作一种知识资产的转移过程。教育包括知识资产的提供方——教师,也包括知识资产的接受者——学生。从教师的角度来看,需要对知识资产进行确权,希望自己贡献的知识资产对更多人有价值,自己也能因此有更多的收益。从学生的角度来看,学习知识资产,就是对自我的一种未来投资,通过学习知识资产所提供的知识和技能,实现知识资产从教师向学生的转移,自身的知识资产获得累积,自己就变得更加有价值,也会更受到社会的认可。学生获得了知识资产后,可以凭借这些知识资产获得用人单位的青睐,用人单位聘用学生,就是这种知识资产变现的过程。

(3) 教育成果证明被数字化。教师的知识资产可以通过受学生的欢迎程度来进行评价,资产被利用越多,价值越高。学生的在线学习,可以理解为获取知识资产的过程,通过去中心化的社群验证和确认机制,获得知识资产后可以获得资产证明。例如,学校可以授予学生数字化的学分和学习证书,凭借这些知识资产证明,学生的知识资产可以被企业长期购买(通过工资)或者临时性购买(通过报酬)。个人的知识资产也可以被分享给更多人,体现为知识和技能的传播,从被教育者向更多人转移。

总之,"区块链＋教育"是一个很好的区块链应用,建立一个教师和学生的社群,实现知识资产的登记、上线、转移、变现等,从而激励教师创造更多的知识资产,激励学生获得更多知识资产,并推进知识资产变现。

2. 区块链技术在其他行业中的应用

(1) 金融服务。区块链可以用于支付和汇款、跨境交易、智能合约、数字身份验证等金融服务。它可以提高交易的安全性、透明度和效率,并降低成本。

(2) 物流和供应链管理。区块链可以追踪和管理商品的供应链信息,确保产品的真实性和可追溯性。它可以提供更好的物流管理、减少欺诈和假冒产品的风险。

(3) 版权保护和知识产权管理。区块链可以用于确保数字内容的版权保护和知识产权的管理。它可以追踪和验证数字内容的来源和所有权,保护创作者的权益。

(4) 医疗保健。区块链可以用于医疗记录的安全存储和共享,确保患者数据的隐私和安全。它还可以改善医药供应链的透明度和可追溯性。

(5) 不动产登记和房地产交易。区块链可以用于不动产登记和房地产交易的记录和验证,减少欺诈和纠纷,提高交易的效率。

(6) 能源管理。区块链可以用于能源交易和管理,实现可再生能源的交易和分配,提高能源市场的透明度和效率。

这只是一部分区块链的行业应用,随着技术的不断发展和创新,区块链在更多领域将发挥重要作用。

任务 5.5   人工智能技术

5.5.1   人工智能的概念与应用

1. 人工智能的概念

人工智能的定义可以分为"人工"和"智能"两部分。"人工"是指人为制造,或者人自身的智能程度还没有高到可以创造人工智能的地步。"智能"是指个体对客观事物进行合理分析、判断及有目的地行动和有效地处理周围环境事宜的综合能力,包括感知能力、思维能力、行为能力。因此,人工智能是一门研究如何使计算机、智能机器人等人工装置去模仿、延伸、拓展人类智能的学科。

2. 人工智能的应用

抛开人工智能就是人形机器人的固有偏见,打开你的手机,看看已经变成每个人生活必备的智能手机里,到底藏着多少人工智能技术。

如图 5-12 所示,小小的手机屏幕上,人工智能真是无处不在。下面简单介绍并点评这些活跃在你我身边,正在改变世界的人工智能技术。

图 5-12   手机上的人工智能相关应用

1) 手机美颜

随着智能手机的普及,带有美颜效果的手机得到大家的青睐。美颜手机内嵌人工智能算法,具有自动磨皮、美白、瘦脸、眼部增强、立体化五官等功能。通过深度学习和计算机视觉技术,人工智能可以识别人脸并自动进行美颜处理,使肤色更加均匀、皮肤更加细腻、瑕疵修复更加自然,如图 5-13 所示。人工智能手机美颜技术还可以根据不同的场景和需求进行智能调整,如增强妆容、瘦脸、大眼等,让用户在自拍或视频通话中展现最佳的自己。此外,人工智能还可以实时检测人脸动作和表情,提供实时的互动反馈,使用户能够更好地掌握拍摄时机和姿势。手机美颜技术的发展使得普通用户能够轻松获得专业级的美颜效果,提升了自拍和社交媒体使用的体验。

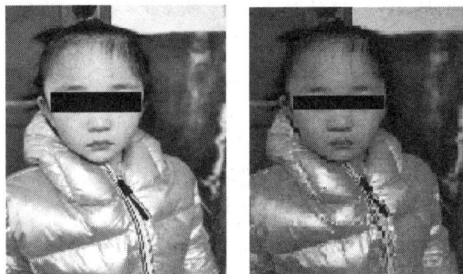

图 5-13 左图为美颜的效果

2)聊天机器人

聊天机器人是一种用来模拟人类对话或聊天的程序,已应用于多款在线互动游戏。一个单独的玩家可以在等待其他"真实"的玩家时与一个聊天机器人进行互动。

聊天机器人的成功之处在于,研发者将大量网络流行的俏皮语言加入词库,当你发送的词组和句子被词库识别后,程序将通过算法把预先设定好的回答回复给你。而词库的丰富程度、回复的速度,是一个聊天机器人能不能得到大众喜欢的重要因素。千篇一律的回答不能得到大众青睐,中规中矩的话语也不会引起人们共鸣。此外,只要程序启动,"聊士"们 24 小时在线随叫随到,堪称贴心之至。图 5-14 列出了几款常见的聊天机器人。

图 5-14 常见的聊天机器人

3)在线翻译

人工智能的普遍应用使在线翻译成了当今机器翻译的重头戏。在这一领域,竞争正变得空前激烈。如今功能较强、方便易用的在线翻译工具有谷歌翻译、必应翻译、脸书翻译、有道翻译、巴比伦翻译等。谷歌翻译提供 63 种主要语言之间的即时翻译,支持任意两种语言之间的互译,包括字词、句子、文本和网页翻译。另外它还可以帮助用户阅读搜索结果、网页、电子邮件、YouTube 视频字幕以及其他信息。

4)语音助手

人工智能语音助手是一种基于语音识别、自然语言理解和语音合成等技术的智能助手系统。它可以通过语音交互与用户进行对话,并提供信息查询、任务执行、日程管理、音乐播放、智能家居控制等功能。语音助手能够理解用户的语音指令,并根据用户需求提供准确、便捷的服务。它的智能学习和适应能力使其能够不断提升用户体验,根据用户的习惯和偏好进行个性化的服务。语音助手的出现极大地方便了人们的生活和工作,使得人机交互更加自然和高效,为用户带来了更加智能化的体验。目前,常规语音识别技术已经比较成熟,而较先进的技术基本掌握在微软、谷歌、亚马逊、苹果和三星等巨头手中。

5)图像生成

生成一幅逼真的图像对人类来说已经非常困难了,需要多年的平面设计训练。但在人工智能技术发展的今天,让机器完成这项任务变得很容易。人工智能在图像生成领域具有重要应用,通过深度学习和生成对抗网络等技术,可以实现令人惊叹的图像生成能力。这些算法可以学习并模仿现实世界中的图像样式和特征,从而生成逼真的图像,包括风景、人物、动物等各种内容。这种图像生成技术不仅可以应用于艺术创作和设计领域,还可以用于游戏开发、虚拟现实、医学影像等众多领域,为人们带来更加丰富、创新和引人入胜的视觉体验。

5.5.2 人工智能的起源与发展

1956年8月,在美国汉诺斯小镇的达特茅斯学院中,约翰·麦卡锡、马文·明斯基、克劳德·香农、艾伦·纽厄尔、赫伯特·西蒙等科学家聚在一起,讨论着一个全新的主题:用机器来模仿人类学习以及其他方面的智能。

会议足足开了两个月的时间,虽然大家没有达成普遍的共识,但为会议讨论的内容起了一个名字:人工智能。因此,1956年也就成了人工智能元年。图5-15所示为人工智能50年大会上,5位达特茅斯与会者再次相聚。

图5-15 在人工智能50年大会上,5位1956年达特茅斯人工智能夏季研究会的与会者再相聚
(左起:摩尔、麦卡锡、明斯基、塞弗里奇、所罗门诺夫)

人工智能发展的主要历程概括如下。

1. 起步发展期:1956年—20世纪60年代初

1950年,人工智能之父图灵发表了论文《计算机器与智能》,其中利用"模仿游戏"描述了"机器能否思考"这一重大问题。1956年夏,麦卡锡、明斯基、香农等学者聚在美国达特茅斯学院讨论用机器来模仿人类学习智能。麦卡锡建议使用"人工智能"一词来概括复杂信息处理的研究。人工智能概念提出后,相继获得了一批令人瞩目的研究成果,如机器定理证明、跳棋程序等,掀起人工智能发展的第一个高潮。

2．反思发展期：20 世纪 60 年代—70 年代初

人工智能发展初期的突破性进展大幅提升了人们对人工智能的期望，人们开始尝试更具挑战性的任务，并提出了一些不切实际的研发目标。然而，接二连三的失败和预期目标的落空（例如，无法用机器证明两个连续函数之和还是连续函数、机器翻译闹出笑话等），使人工智能的发展走入低谷。

3．应用发展期：20 世纪 70 年代初—80 年代中期

20 世纪 70 年代出现的专家系统模拟人类专家的知识和经验解决特定领域的问题，实现了人工智能从理论研究走向实际应用、从一般推理策略探讨转向运用专门知识的重大突破。专家系统在医疗、化学、地质等领域取得成功，推动人工智能进入应用发展的新高潮。

4．低迷发展期：20 世纪 80 年代中期—90 年代中期

随着人工智能应用规模不断扩大，专家系统存在的应用领域狭窄、常识性知识缺乏、知识获取困难、推理方法单一、分布式功能缺乏、难以与现有数据库兼容等问题逐渐暴露出来。

5．稳步发展期：20 世纪 90 年代中期—2010 年

互联网技术的发展加速了人工智能的创新研究，促使人工智能技术进一步走向实用化。1997 年，IBM 深蓝超级计算机战胜了国际象棋世界冠军卡斯帕罗夫；2008 年，IBM 提出"智慧地球"的概念，是这一时期的标志性事件。

6．蓬勃发展期：2011 年至今

随着新一代信息技术的发展，泛在感知数据和图形处理器等计算平台推动人工智能技术飞速发展，诸如图像分类、语音识别、知识问答、人机对弈、无人驾驶等人工智能技术实现了从"不能用、不好用"到"可以用"的技术突破，迎来爆发式增长的新高潮。

此外，还有一些重要的技术和应用领域推动了人工智能的发展，如大数据、云计算、物联网和自然语言处理等。人工智能正在广泛应用于各个领域，包括医疗、金融、交通、娱乐等，为人们的生活和工作带来了巨大的改变和便利。随着技术的不断进步和创新，人工智能的发展前景仍然广阔。

5.5.3　人工智能行业应用

1．智能家居

智能家居是指通过物联网技术将各种家居设备和系统连接到一起，实现智能化控制和管理。智能家居可以包括智能灯光、智能安防系统、智能家电、智能音响等，通过智能化的设备和系统，用户可以通过手机、语音助手或其他智能设备来控制和管理家居环境。

通过人工智能技术，智能家居可以学习用户的习惯和偏好，提供个性化的服务和建议。例如，智能家居可以根据用户的行为和时间模式自动调整温度、照明和音乐等，提供更舒适和节能的居住环境。此外，人工智能还可以与智能家居设备进行语音交互，使用户可以通过语音指令来控制家居设备，实现更便捷的操作和控制。例如，用户可以通过语音指令告诉智能音响播放音乐，或者通过语音指令告诉智能家电打开或关闭。

2. 智能零售

人工智能在智慧零售领域的应用正在变得越来越普遍。它可以帮助零售商改进销售和客户体验,提高运营效率,并提供个性化的购物体验。

(1)人工智能可以通过分析大数据来预测消费者的购买偏好和行为模式。这可以帮助零售商更好地了解消费者需求,优化产品和库存管理,从而提高销售额和利润。

(2)人工智能可以应用于智能推荐系统。通过分析消费者的购买历史、浏览记录和社交媒体数据,智能推荐系统可以向消费者推荐他们可能感兴趣的产品,提供个性化的购物体验。

(3)人工智能还可以用于智能客服和虚拟购物助手。智能客服可以通过自然语言处理和机器学习技术与消费者进行实时交互,解答问题和提供帮助。虚拟购物助手可以通过图像识别和语音识别技术,帮助消费者寻找他们需要的产品,并提供购买建议。

3. 智能交通

智能交通系统是通信、信息和控制技术在交通系统中集成应用的产物。人工智能在智能交通领域的应用可以提高交通系统的效率、安全性和可持续性。通过分析大数据和历史交通数据,人工智能可以预测交通流量,帮助交通管理部门优化交通信号控制、路线规划和交通管理策略,减少交通拥堵;利用人工智能技术,可以实现智能交通信号控制系统,根据实时交通情况自动调整信号灯的时序和时长,以优化交通流动性和减少等待时间;人工智能在自动驾驶技术中也发挥着关键作用。通过使用传感器、计算机视觉和深度学习算法,人工智能可以实现自动驾驶车辆的感知、决策和控制,提高交通安全性和减少交通事故。

4. 智能医疗

人工智能可以通过分析大量的医疗数据和病例信息,帮助医生进行疾病的诊断和预测。例如,基于机器学习和深度学习的算法可以从医学影像中自动检测和识别疾病,如肿瘤和眼疾。此外,人工智能还可以根据患者的个人化数据和遗传信息,预测患病风险和制定个性化的治疗方案。人工智能可以辅助医生对医学影像进行分析和解读。通过深度学习算法,人工智能可以自动标记和识别影像中的病变部位,提供快速和准确的诊断结果。这可以减轻医生的工作负担,提高诊断的准确性和效率。

5. 智能物流

人工智能与物流的结合可以为物流行业带来许多创新和改进。智能物流利用人工智能技术来提高物流运作的效率、准确性和可靠性。人工智能可以分析大量的数据,包括交通状况、天气情况、货物需求等,以优化物流路线和配送计划。通过实时监控和预测,智能物流系统可以选择最佳的路径和时间,减少运输时间和降低运输成本。利用物联网和传感器技术,智能物流系统可以实时追踪货物的位置和状态。人工智能可以分析这些数据,提供准确的货物跟踪和预测交付时间服务,帮助客户和物流公司更好地管理和控制物流流程。人工智能技术如机器学习和自动化控制可以应用于物流设备和机器人,实现自动化的物流操作。例如,智能仓库系统可以利用机器学习算法来优化货物的存储和提取,提高仓库的效率和准确性。

除了以上行业,人工智能还在教育、农业、能源等领域有着广泛的应用。随着技术的不断发展和创新,人工智能的应用领域将会越来越广泛,并对社会和经济产生深远的影响。

任务 5.6　虚拟现实技术

5.6.1　什么是 VR

VR(virtual reality,虚拟现实)通俗地讲就是通过一个封闭式的头戴设备,将人带到一个沉浸式的虚拟世界中,类似于人在做梦。

虚拟现实技术包括计算机技术、电子信息技术和仿真技术,其基本实现方式是计算机模拟虚拟环境从而给人以环境沉浸感。虚拟现实具有一切人类所拥有的感知功能,如听觉、视觉、触觉、味觉、嗅觉等,真正实现了人机交互,使人在操作过程中,可以随意操作并且得到环境最真实的反馈。正是虚拟现实技术的存在性、多感知性、交互性等特征使它受到了许多人的喜爱。

5.6.2　什么是 AR

AR(augmented reality,增强现实)是一种实时地计算摄影机影像的位置及角度并加上相应图像的技术。这种技术的目的是在屏幕上把虚拟世界套入现实世界并进行互动。AR 技术将真实世界信息和虚拟世界信息"无缝"集成,把原本在现实世界的一定时间空间范围内很难体验到的实体信息(如视觉信息,声音,味道,触觉等),通过计算机等科学技术,模拟仿真后再叠加,将虚拟的信息应用到真实世界,被人类感官所感知,从而达到超越现实的感官体验。真实的环境和虚拟的物体实时地叠加到了同一个画面或空间同时存在。

AR 其实已经运用到人们的生活之中了,例如,百度地图的实景路线导航;支付宝的集五福,扫福会出现动画效果;美图、抖音等的视频拍照在脸部添加动画和美颜功能。AR 技术在现实的基础上,添加一些动画元素,使原本不可能出现在真实世界的物体,出现在了现实世界。这些在现实世界里出现的奇奇怪怪的东西,只不过一些增强了现实的东西,人们是只能看到,而摸不着。

AR 系统具有三个突出的特点:①真实世界和虚拟世界的信息集成;②具有实时交互性;③是在三维尺度空间中增添定位虚拟物体。

5.6.3　VR 与 AR 的区别

VR 全都是假的——假的场景,假的元素,一切都是计算机虚拟出来的。AR 是半真半假,例如,用手机镜头看真实的场景,当看到某一真实的元素的时候,会触发一个程序,来加强体验;再如在看招贴画时突然发现招贴画上面的人走下来(见图 5-16)。

通俗地说,这两者的区别就是,"VR 是做白日梦;AR 是活见鬼"。一个是在梦境中,一个是在现实中。不过,受到延迟、分辨率、设备重等技术问题的限制,AR 和 VR 还在继续研发中。

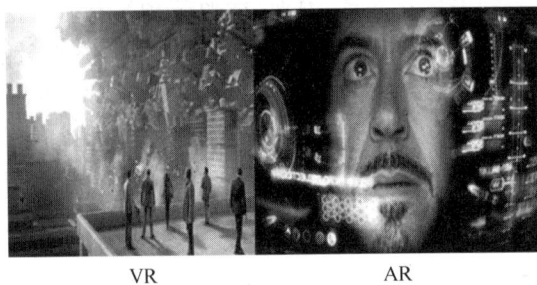

VR　　　　　　　　　AR

图 5-16　VR 与 AR

5.6.4　VR 应用场景

1. 在影视娱乐中的应用

由于虚拟现实技术在影视业的广泛应用,以虚拟现实技术为主而建立的第一现场9DVR 体验馆得以实现。第一现场 9DVR 体验馆自建成以来,在影视娱乐市场中的影响力非常大,此体验馆可以让观影者体会到置身于真实场景之中的感觉,让体验者沉浸在影片所创造的虚拟环境之中。同时,随着虚拟现实技术的不断创新,此技术在游戏领域也得到了快速发展。虚拟现实技术是利用计算机产生的三维虚拟空间,而三维游戏刚好是建立在此技术之上的。三维游戏几乎包含了虚拟现实的全部技术,使得游戏在保持实时性和交互性的同时,也大幅提升了游戏的真实感(见图 5-17)。

图 5-17　虚拟现实影视娱乐

2. 在教育中的应用

如今,虚拟现实技术已经成为促进教育发展的一种新型教育手段。传统的教育只是一味地给学生灌输知识,而现在利用虚拟现实技术可以帮助学生打造生动、逼真的学习环境,使学生通过真实感受来增强记忆。相比于被动性灌输,利用虚拟现实技术来进行自主学习更容易让学生接受,这种方式更容易激发学生的学习兴趣。此外,各大院校利用虚拟现实技术还建立了与学科相关的虚拟实验室来帮助学生更好地学习(见图 5-18)。

3. 在设计领域的应用

虚拟现实技术在设计领域小有成就,例如室内设计,人们可以利用虚拟现实技术把室内结构、房屋外形通过虚拟技术表现出来,使之变成可以看得见的物体和环境(见图 5-19)。同时,在设计初期,设计师可以将自己的想法通过虚拟现实技术模拟出来,可以在虚拟环境中预先看到室内的实际效果,这样既节省了时间,又降低了成本。

图 5-18　基于虚拟现实的化学教学

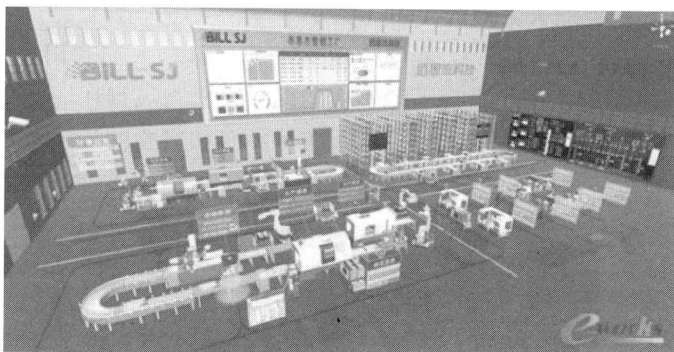

图 5-19　基于虚拟现实的设计

4. 虚拟现实在医学方面的应用

医学专家们利用计算机,在虚拟空间中模拟出人体组织和器官,让学生在其中进行模拟操作,并且能让学生感受到手术刀切入人体肌肉组织、触碰到骨头的感觉,使学生能够更快地掌握手术要领。而且,主刀医生们在手术前,也可以建立一个病人身体的虚拟模型,在虚拟空间中先进行一次手术预演,这样能够大大提高手术的成功率,让更多的病人得以痊愈。虚拟现实在医学上的应用见图 5-20。

5. 虚拟现实在军事方面的应用

虚拟现实的立体感和真实感很强,在军事方面,人们将地图上的山川地貌、海洋湖泊等数据通过计算机进行编码,利用虚拟现实技术,能将原本平面的地图变成一幅三维立体的地形图,再通过全息技术将其投影出来,这更有助于进行军事演习等训练,提高军事实力。此外,现在的战争是信息化战争,战争机器都朝着自动化方向发展,无人机便是信息化战争的最典型产物。无人机由于自动化以及便利性深受各国军队青睐。在战士训练期间，可以利用虚拟现实技术去模拟无人机的飞行、射击等工作模式。战争期间，军人也可以通过眼镜、头盔等装备操控无人机进行侦察和攻击任务，减小战争中军人的伤亡率。由于虚拟现实技术能将无人机拍摄到的场景立体化，降低操作难度，提高侦查效率，所以无人机和虚拟现实技术的发展刻不容缓。虚拟现实在军事上的应用见图 5-21。

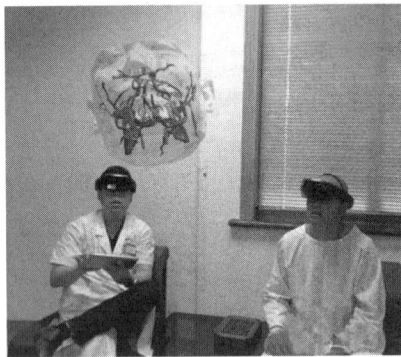

图 5-20　基于虚拟现实的看病

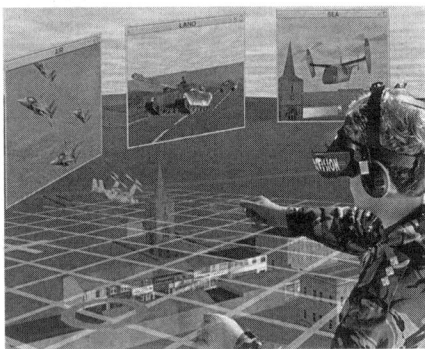

图 5-21　虚拟现实在军事上的应用

6. 虚拟现实在航空航天方面的应用

由于航空航天是一项耗资巨大、非常烦琐的工程，所以，人们利用虚拟现实技术和计算机的统计模拟，在虚拟空间中重现了现实中的航天飞机与飞行环境，使飞行员在虚拟空间中进行飞行训练和实验操作，极大地降低了实验经费和实验的危险系数。图 5-22 所示为基于虚拟现实的驾驶员培训场景。

图 5-22　基于虚拟现实的驾驶员培训场景

5.6.5　AR 应用场景

简单来说，增强现实技术以真实世界的环境为基础，并向其中添加由计算机生成的内容。然后，现实世界和增强的环境可以相互作用并进行数字化操作。随着增强现实技术的成熟，以及应用程序的数量不断增长，增强现实技术可能更加深远地影响人们的购物、娱乐、工作和生活等方方面面。

1. 零售业

当人们购买衣服、鞋子、眼镜或其他任何想要穿的东西时,在购买之前"试穿一下"是很自然的事情。另外,当人们想要为自己的新家添置家具或其他家居物品时,如果能看到这些物品在家里摆放起来会是什么样子,岂不是很棒。现在,我们就可以借助增强现实技术来实现这些目的。由于支持增强现实应用的技术和工具比以往任何时候都更加普遍,预计增强现实的应用增长速度会越来越快。比如 Vyking 就是一家在零售领域引领增强现实技术的公司,该公司利用自己的技术让购物者通过智能手机屏幕"试穿"一双鞋。匡威运动鞋公司同样利用沉浸式技术,让顾客能够试穿其在线产品目录中的各种商品(见图 5-23)。

还有 WatchBox 是一家拥有购买、销售和交易二手奢侈品牌手表的公司。为了能够减少买家期望收到的产品与实际到货产品之间经常出现的"落差",该公司在自己的移动购物应用程序中添加了增强现实功能,允许客户"试戴"他们感兴趣的手表。

虽然可以在网上找到一些非常漂亮的眼镜和太阳镜,但在购买之前,谁都想看到眼镜戴在自己的脸上究竟是什么效果。而在 Speqs Eyewear 的应用程序中,这根本不是问题,用户可以通过增强现实技术立即试用任何款式的眼镜。通过使用 iPhone 的面部识别技术,Warby Parker 甚至可以自动推荐最适合不同消费者的镜框样式(见图 5-24)。

图 5-23　Vyking 试穿体验

图 5-24　WatchBox 试穿体验

通常来说,很难想象一件家具摆在自己的家里是什么样子,因此有 60% 的客户在购买家具时希望使用增强现实技术也就不足为奇了。宜家和 Wayfair 就是两家系统借助增强现实技术帮助客户在家中可视化家具和产品效果的家具零售商,提供增强现实技术也能促进销售。根据一项名为《增强现实技术对零售业的影响》的研究结果显示,72% 的消费者在购物时使用了增强现实技术,然后就决定购买了他们之前并没有计划的产品。

2. 建筑和维护

在建筑领域,增强现实技术允许建筑师、施工人员、开发人员和客户在任何建筑开始之前,将一个拟议的设计在空间和现有条件下的样子可视化。除了可视化之外,它还可以

图 5-25　AR 与建筑师

帮助识别工作中的可构建性问题,从而允许相关人员在出现问题之前就可以思考解决方案。

增强现实还可以支持建筑物和产品的持续维护。通过增强现实技术,可以在物理环境中显示具有交互式 3D 动画等指令的服务手册。增强现实技术可以帮助客户在维修或完成产品的维修过程中提供远程协助(见图 5-25)。这也是一种宝贵的培训工具,可以帮助经验不足的维修人员完成自己的任务,并在找到正确的服务和零件信息时,提供与本人在现场一样的服务。

3．教育

增强现实技术可以帮助教育工作者在课堂上用动态 3D 模型(见图 5-26)、更加有趣的事实叠加以及更多关于他们正在学习的主题来吸引学生的注意力。视觉技术学习者也将受益于增强现实技术的可视化能力,它可以通过数字渲染将概念带入生活(或至少是 3D 效果)。学生可以随时随地获取信息,不需要任何特殊设备,就像 Moly 之类的语言学习应用一样。

4．医疗保健

增强现实技术可以使外科医生通过 3D 视觉获得数字图像和关键信息。外科医生不需要把目光从手术区域内移开,就能获得他们可能需要的、成功实施手术的关键信息(见图 5-27)。很多初创公司正在开发 AR 相关的技术,希望能够对数字手术提供更多的支持,包括 3D 医疗成像和特定的手术在内。

图 5-26　动态 3D 模型

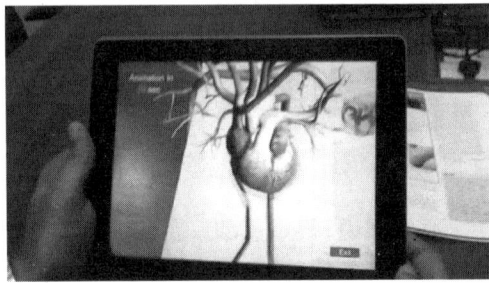

图 5-27　数字手术

任务 5.7　评价与讨论

1．抛出问题

(1) 谈谈你对大数据价值的理解。

(2) 请举例你身边的人工智能。

（3）请说一说物联网感知层有哪些关键技术。

（4）人工智能可能引发的负面影响有哪些？

2．说一说、评一评

学生在解决问题过程中，分小组讨论，最后选派代表回答问题，其他小组成员及教师给出点评，并从回答问题的过程中了解学生对学习目标的掌握情况。

课堂重点突出，培养学生的实际应用能力，教师做好记录，为以后的教学获取第一手材料。

任务 5.8　资料链接

人工智能之父——图灵的传奇人生

艾伦·麦席森·图灵（Alan Mathison Turing，1912—1954）是英国数学家、逻辑学家，被称为计算机科学之父、人工智能之父。1931年图灵进入剑桥大学国王学院，毕业后到美国普林斯顿大学攻读博士学位，第二次世界大战爆发后回到剑桥，后曾协助军方破解德国的著名密码系统 Enigma，帮助盟军取得了胜利。

1．年轻时期

图灵少年时就表现出独特的直觉创造能力和对数学的爱好。1926年，图灵考入伦敦有名的谢伯恩（Sherborne）公学去学习，受到良好的中等教育。他在中学期间表现出对自然科学的极大兴趣和敏锐的数学头脑。1927年年底，年仅15岁的图灵为了帮助母亲理解爱因斯坦的相对论，写了爱因斯坦的一部著作的内容提要，表现出他已具备非同凡响的数学水平和科学理解力。

图灵对自然科学的兴趣使他在1930年和1931年两次获得他的同学莫科姆的父母设立的自然科学奖。其中论文《亚硫酸盐和卤化物在酸性溶液中的反应》受到政府督学的赞赏。对自然科学的兴趣为他后来的一些研究奠定了基础，他的数学能力使他在中学获得过国王爱德华六世数学金盾奖章。

2．科研时期

1931年，图灵考入剑桥大学国王学院，由于成绩优异而获得数学奖学金。在剑桥大学，他的数学能力得到了充分的发展。1935年，他的第一篇数学论文《左右始周期性的等价》发表于《伦敦数学会杂志》上。同一年，他还写出"论高斯误差函数"一文。这一论文使他由一名大学生直接当选为国王学院的研究员，并于次年荣获英国的史密斯数学奖，成为国王学院声名显赫的毕业生之一。

1936年5月，图灵向伦敦的数学杂志投了一篇论文，题为《论数字计算在决断难题中的应用》。该文于1937年在《伦敦数学会文集》第42期上发表后，立即引起广泛的注意。在论文的附录里他描述了一种可以辅助数学研究的机器，后来被人称为"图灵机"。这个设想最有变革意义的地方在于，它第一次在纯数学的符号逻辑和实体世界之间建立了联系，后来人们所熟知的计算机以及还没有实现的"人工智能"，都是基于这个设想的。这是他人生的第一篇重要论文，也是他的成名之作。

1936 年 9 月，图灵应邀到美国普林斯顿高级研究院学习，并与丘奇(Church)一同工作。1937 年，图灵发表的另一篇文章《可计算性与 λ 可定义性》则拓展了丘奇提出的"丘奇论点"，形成"丘奇—图灵论点"。这一论点对计算理论的严格化，对计算机科学的形成和发展都具有奠基性的意义。

在美国期间，他对群论作了一些研究，并撰写了博士论文。1938 年图灵在普林斯顿大学获博士学位，其论文题目为《以序数为基础的逻辑系统》，1939 年正式发表，在数理逻辑研究中产生了深远的影响。1938 年夏，图灵回到英国，仍在剑桥大学国王学院任研究员，继续研究数理逻辑和计算理论，同时开始了计算机的研制工作。

3. 第二次世界大战时期

第二次世界大战打断了图灵的正常研究工作。1939 年秋，他应召到英国外交部通信处从事军事工作，主要是破译敌方密码。由于破译工作的需要，他参与了世界上最早的电子计算机的研制工作。他的工作取得了一定的成就，因而于 1945 年获政府的最高奖——大英帝国荣誉勋章(OBE)。

4. 硕果累累

1945 年，图灵结束了在外交部的工作，他试图恢复战前在理论计算机科学方面的研究，并结合战时的工作，具体研制出新的计算机。这一想法得到当局的支持。同年，图灵被录用为泰丁顿国家物理研究所的研究人员，开始从事自动计算机(ACE)的逻辑设计和具体研制工作。这一年，图灵写出了一份长达 50 页的关于 ACE 的设计说明书。这一说明书在保密了 27 年之后，于 1972 年正式发表。在图灵的设计思想指导下，1950 年制出了 ACE 样机，1958 年制成大型 ACE 机。人们认为，通用计算机的概念就是图灵提出来的。

1945—1947 年，他在英国国家物理实验室工作，负责自动计算引擎的研究。

1948 年，图灵接受了曼彻斯特大学的高级讲师职务，并被指定为曼彻斯特自动数字计算机(Madam)项目的负责人助理，具体领导该项目数学方面的工作，作为这一工作的总结。

1949 年，图灵成为曼彻斯特大学计算机实验室的副主任，负责最早的真正意义上的计算机——"曼彻斯特一号"的软件理论开发，因此成为世界上第一位把计算机实际用于数学研究的科学家。

1950 年，图灵编写并出版了《曼彻斯特电子计算机程序员手册》。这期间，他继续进行数理逻辑方面的理论研究。并提出了著名的"图灵测试"。同年，他提出关于机器思维的问题，他的论文《计算机和智能》引起了广泛的注意和深远的影响。1950 年 10 月，图灵发表论文《机器能思考吗》。这一划时代的作品，使图灵赢得了"人工智能之父"的桂冠。

1951 年，由于在可计算数方面所取得的成就，他成为英国皇家学会会员，时年 39 岁。

1952 年，他辞去剑桥大学国王学院研究员的职务，专心在曼彻斯特大学工作。除了日常工作和研究工作之外，他还指导一些博士研究生，还担任了制造曼彻斯特自动数字计算机的一家公司——弗兰蒂公司的顾问。

1952 年，图灵编写了一个国际象棋程序。可是，当时没有一台计算机有足够的运算能力去执行这个程序，他就自己模仿计算机程序，每走一步要用半小时。他与一位同事下了一盘，结果程序输了。后来美国新墨西哥州洛斯阿拉莫斯国家实验室的研究团队根据图灵的理论，在 MANIAC 上设计出世界上第一个计算机程序的象棋。

为了纪念他对计算机科学的巨大贡献，由美国计算机协会(ACM)于 1966 年设立一年一度的图灵奖，以表彰在计算机科学中做出突出贡献的人，图灵奖被誉为"计算机界的诺贝尔奖"。

谷歌的"三驾马车"

谷歌在 2003—2006 年发表了三篇论文，*The Google File System*、*Bigtable：A Distributed Storage System for Structured Data* 和 *MapReduce：Simplified Data Processing on Large Clusters*，介绍了 Google 是如何对大规模数据进行存储和计算的。

简单地讲，GFS 解决了海量超大文件的分布式存储问题，BigTable 解决了实时在线应用的海量数据该如何存储的问题，MapReduce 解决了海量数据并发计算的问题。这三篇论文开启了工业界的大数据时代，被称为 Google 技术的"三驾马车"。

凡是谈及大数据，谷歌的这"三驾马车"就是绕不开的话题。"三驾马车"中的"第一驾马车"便是 GFS(Google 文件系统)。可以说分布式文件存储是分布式计算的基础，也可见分布式文件存储的重要性。GFS 是谷歌提出的一种专有分布式文件系统，由早期的 BigFiles 发展而来，以满足谷歌搜索引擎的海量数据存储和使用需求。GFS 的特点是能够更好地应对单节点的高故障率和随后的数据丢失问题。而 HDFS 便是 GFS 的一个开源实现。

GFS 的提出者是桑杰·格玛沃特(Sanjay Ghemawat)，他是一名计算机科学家、软件工程师，现为谷歌高级研究员。格玛沃特贡献突出的知名项目包括 GFS、MapReduce、Bigtable 和 Spanner，与杰夫·迪恩合作密切。而杰夫·迪恩就是在 2004 年 12 月的论文中提出"第二驾马车"MapReduce 的人。

MapReduce 是由谷歌提出的一种框架(或者说算法)，用于处理大规模数据的并行运算。MapReduce 既是一个编程模型，又是一个计算框架，开发人员必须基于 MapReduce 编程模型进行编程开发，然后将程序通过 MapReduce 计算框架分发到集群中运行。MapReduce 的主要思想来自函数式编程中常用的 Map 和 Reduce，但其关键贡献在于通过优化执行引擎为各种应用实现的可扩展性和容错性。Hadoop 是 MapReduce 的一个开源实现。

"三驾马车"的最后一驾便是 BigTable，这是谷歌提出的一种专有分布式存储系统，用于存储大规模结构化数据。BigTable 适用于云端计算，属于谷歌云平台的一部分。BigTable 基于 GFS、Chubby Lock Service、SSTable 等技术构建，核心优势在于扩展性和性能。HBase 是 BigTable 的一个开源实现，是为可伸缩的海量数据存储而设计的。

云 计 算

云计算是基于互联网的相关服务的增加、使用和交付模式，通常涉及通过互联网来提供动态易扩展且经常是虚拟化的资源。云是网络、互联网的一种比喻说法，它是通过网络提供可伸缩的廉价的分布式计算能力。云计算代表了以虚拟化技术为核心、以低成本为目标的动态可扩展网络应用基础设施，是近年来最有代表性的网络计算技术与模式，如图 5-28 所示。

图 5-28   云计算示意图

"云"是相应的计算机集群，以及由它组成的能够提供硬件、平台、软件等资源的计算机网络。通过统筹调用，提供所需的服务。目前，Google 已经有好几个这样的"云"，微软、雅虎、亚马逊、IBM、英特尔和百度等公司也有或正在建设这样的"云"。

1. 云计算的特点

云计算是使计算分布在大量的分布式计算机上，而非本地计算机或远程服务器中，企业数据中心的运行将与互联网更相似。这使得企业能够将资源切换到需要的应用上，根据需求访问计算机和存储系统。

好比是从古老的单台发电机模式转向了电厂集中供电的模式，云计算意味着计算能力也可以作为一种商品进行流通，就像煤气、水电一样，取用方便，费用低廉。最大的不同在于，它是通过互联网进行传输的。

2. 云计算的应用

1）云物联

物联网就是物物相连的互联网。这有两层意思：第一，物联网的核心和基础仍然是互联网，是在互联网基础上的延伸和扩展的网络；第二，其用户端延伸和扩展到了任何物品与物品之间，进行信息交换和通信。

2）云安全

云安全是一个从云计算演变而来的新名词。云安全的策略构想是，使用者越多，每个使用者就越安全，因为如此庞大的用户群足以覆盖互联网的每个角落，只要某个网站被挂马或某个新木马病毒出现，就会立刻被截获。

云安全通过网状互联的大量客户端对网络中软件行为进行异常监测，将获取到的互联网中木马、恶意程序的最新信息推送到服务器端进行自动分析和处理，再把病毒和木马的解决方案分发到每一个客户端。

3）云存储

云存储是在云计算概念上延伸和发展出来的一个新的概念，是指通过集群应用、网格技术或分布式文件系统等功能，将网络中大量各种不同类型的存储设备通过应用软件集合起来协同工作,共同对外提供数据存储和业务访问功能的一个系统。当云计算系统运算和处理的核心是大量数据的存储和管理时,云计算系统中就需要配置大量的存储设备,那么云计算系统就转变为一个云存储系统,所以云存储是一个以数据存储和管理为核心的云计算系统,如图 5-29 所示。

图 5-29　云存储示意图

4)云游戏

云游戏是以云计算为基础的游戏方式,在云游戏的运行模式下,所有游戏都在服务器端运行,并将渲染完毕后的游戏画面压缩后通过网络传送给用户。在客户端,用户的游戏设备不需要任何高端处理器和显卡,只需要基本的视频解压能力就可以了。

从技术上看,大数据与云计算的关系就像一枚硬币的正反面一样密不可分。大数据必然无法用单台的计算机进行处理,必须采用分布式计算架构。它的特色在于对海量数据的挖掘,但它必须依托云计算的分布式处理、分布式数据库、云存储和虚拟化技术。

物　联　网

1. 什么是物联网

按照国际电信联盟的定义,物联网主要解决物品与物品(thing to thing,T2T)、人与物品(human to thing,H2T)、人与人(human to human,H2H)之间的互联。但是与传统互联网不同的是,H2T 是指人利用通用装置与物品之间的连接,从而使得物品连接更加简化,而 H2H 是指人之间不依赖于 PC 而进行的互联。因为互联网并没有考虑对于任何物品连接的问题,故人们使用物联网来解决这个传统意义上的问题。

物联网,顾名思义就是连接物品的网络,许多学者讨论物联网时,经常会引入一个 M2M 的概念,可以解释成为人到人(man to man)、人到机器(man to machine)、机器到机器(machine to machine)。但是,M2M 的所有解释并不仅限于能够解释物联网,同样的,M2M 这个概念在互联网中也已经得到了很好的阐释,就连人与人之间的互动,也已经通过第三方平台或者网络电视完成。人到机器的交互一直是人体工程学和人机界面等领域研究的主要课题;但是机器与机器之间的交互已经由互联网提供了最为成功的方案。从本质上而言,人与机器、机器与机器的交互,大部分是为了实现人与人之间的信息交互。万维网技术成功的动因在于:通过搜索和链接,提供了人与人之间异步进行信息交互的快捷方式。

中国物联网校企联盟将物联网定义为当下几乎所有技术与计算机、互联网技术的结合,实现物体与物体之间环境以及状态信息实时的共享以及智能化的收集、传递、处理、执行。广义上说,当下涉及信息技术的应用都可以纳入物联网的范畴。

2. 物联网的构成与技术架构

从技术架构上来看,物联网可分为三层:感知层、网络层和应用层,如图 5-30 所示。感知层由各种传感器以及传感器网关构成,包括二氧化碳浓度传感器、温度传感器、

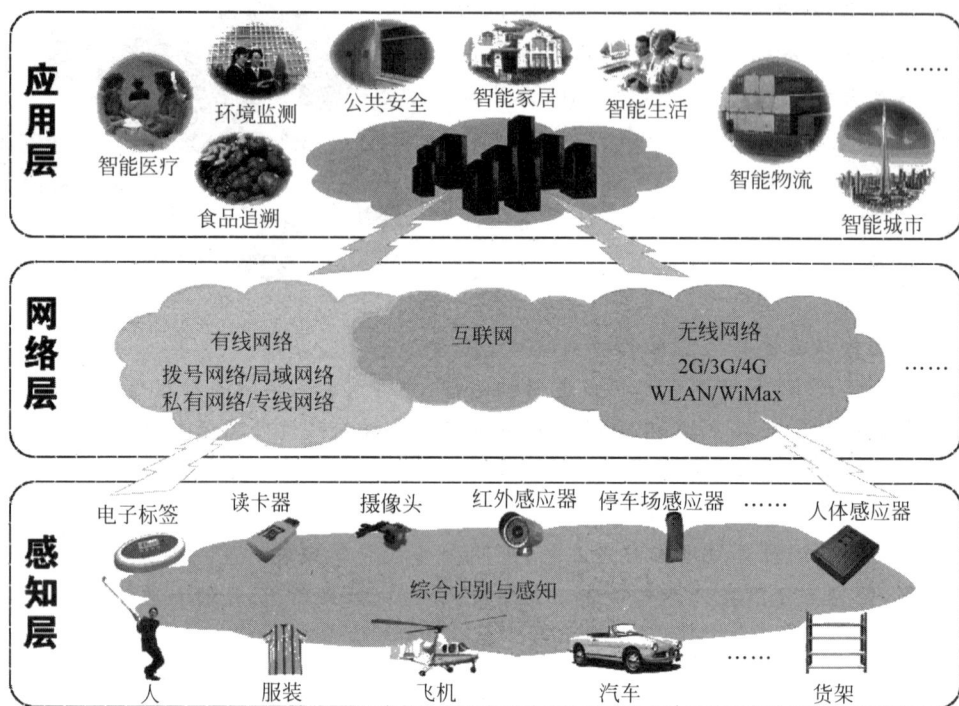

图 5-30   物联网的构成

湿度传感器、二维码标签、RFID 标签和读写器、摄像头、GPS 等感知终端。感知层的作用相当于人的眼耳鼻喉和皮肤等神经末梢，它是物联网识别物体、采集信息的来源，其主要功能是识别物体，采集信息。

网络层由各种私有网络、互联网、有线和无线通信网、网络管理系统和云计算平台等组成，相当于人的神经中枢和大脑，负责传递和处理感知层获取的信息。

应用层是物联网和用户（包括人、组织和其他系统）的接口，它与行业需求结合，实现物联网的智能应用。

在物联网应用中有以下 3 项关键技术。

（1）传感器技术，这也是计算机应用中的关键技术。大家都知道，到目前为止绝大部分计算机处理的都是数字信号。自从有计算机以来就需要传感器把模拟信号转换成数字信号，计算机才能处理。

（2）RFID 标签也是一种传感器技术，RFID 技术是融合了无线射频技术和嵌入式技术为一体的综合技术，RFID 在自动识别、物品物流管理中有着广阔的应用前景。

（3）嵌入式系统技术是综合了计算机软硬件、传感器技术、集成电路技术、电子应用技术为一体的复杂技术。经过几十年的演变，以嵌入式系统为特征的智能终端产品随处可见：小到人们身边的 MP3，大到航天航空的卫星系统。嵌入式系统正在改变着人们的生活，推动着工业生产以及国防工业的发展。如果把物联网用人体做一个简单比喻，传感器相当于人的眼睛、鼻子、皮肤等感官，网络就是神经系统用来传递信息，嵌入式系统则是人的大脑，在接收到信息后要进行分类处理。这个例子很形象地描述了传感器、嵌入式系统在物联网中的位置与作用。

3. 物联网的应用

物联网的应用广泛,遍及智能交通、环境保护、政府工作、公共安全、平安家居、智能消防、工业监测、环境监测、老人护理、个人健康、花卉栽培、水系监测、食品溯源、敌情侦查和情报搜集等多个领域。

国际电信联盟曾描绘"物联网"时代的图景:当司机出现操作失误时汽车会自动报警;公文包会提醒主人忘带了什么东西;衣服会"告诉"洗衣机对颜色和水温的要求,等等。

下面是物联网在物流领域内的典型应用示例。

一家物流公司应用了物联网系统的货车,当装载超重时,汽车会自动告知超载了,并且超载多少,但空间还有剩余,告知轻重货怎样搭配;当搬运人员卸货时,一只货物包装可能会大叫:"你扔疼我了!"或者说:"亲爱的,请你不要太野蛮,可以吗?"当司机在和别人扯闲话时,货车会装作老板的声音怒吼:"该发车了!"

物联网把新一代 IT 技术充分运用在各行各业之中,具体地说,就是把感应器嵌入和装备到电网、铁路、桥梁、隧道、公路、建筑、供水系统、大坝、油气管道等各种物体中,然后将"物联网"与现有的互联网整合起来,实现人类社会与物理系统的整合,在这个整合的网络中,存在能力超级强大的中心计算机群,能够对整合网络内的人员、机器、设备和基础设施实施实时的管理和控制,在此基础上,人类可以以更加精细和动态的方式管理生产及生活,达到"智慧"状态,提高资源利用率和生产力水平,改善人与自然间的关系。

大　数　据

1. 大数据的含义和特征

大数据又称为巨量数据,指需要新处理模式才能具有更强的决策力、洞察力和流程优化能力的海量、高增长率和多样化的信息资产。大数据概念最早由维克托·迈尔·舍恩伯格和肯尼斯·库克耶在《大数据时代》中提出,指不用随机分析法(抽样调查)的捷径,而是采用所有数据进行分析处理。而维基百科定义的大数据是指无法在可承受的时间范围内用常规软件工具进行捕捉、管理和处理的数据集合。

大数据技术的战略意义不在于掌握庞大的数据信息,而在于对这些含有意义的数据进行专业化处理。从技术上看,大数据与云计算的关系就像一枚硬币的正反面一样密不可分。大数据必然无法用单台的计算机进行处理,必须采用分布式架构。它的特色在于对海量数据进行分布式数据挖掘,但它必须依托云计算的分布式处理、分布式数据库和云存储、虚拟化技术。随着云时代的来临,大数据也吸引了越来越多的关注,大数据的基本特征主要表现在以下 3 个方面。

(1) 更大的容量。当数据量从 TB 级跃升至 PB 级甚至 EB 级时,通常称为"海量数据"。据 IDC 监测统计,2011 年全球数据总量已经达到 1.8ZB,而这个数值还在以每两年翻一番的速度增长,预计到 2020 年全球数据总量将达 35ZB。如此大的数据量,大约需要 376 亿个 1TB 硬盘才能存储。

(2) 数据的多样性。相对于以往便于存储的关系类结构化数据,网络日志、音频、视频、图片、地理位置等的非结构化数据越来越多。这些多样的数据对其存储、管理和分析能力提出了新的要求。

（3）数据的处理速度。主要是指有效处理大数据需要在数据变化过程中对它的种类和内容进行分析，而不是在它静止后进行分析。

2. 大数据的价值

目前，人们已经能够通过有效的存储、管理和分析，从已积累的以及由互联网等数据源连续产生的海量数据中，获得具有价值的信息，这就给大数据赋予了一个新的特征——"价值"。已经有不少应用大数据创造价值的实例。例如，某些药物的疗效和毒副作用无法通过技术和简单样本验证，但是可以对几十年病例的海量数据进行分析而得到结果；又如，当经济部门获得相关企业、居民及政府决策和行为的海量数据后，就可以制定宏观经济计量模型，并得出税收政策的最佳方案。据相关资料报告，大数据分析每年将为美国医疗系统带来 3000 亿美元的增益，为欧洲公共管理部门带来 2500 亿欧元的净收入，为世界零售业增加 30％的纯利润，为全球制造业减少 50％的产品研发成本。

必须看到，上述大数据所用的"神机妙算"和"未卜先知"的能力，并不在于数据本身，而在于能够将决策信息从海量数据中提取出来的大数据分析挖掘技术。一般而言，大数据产生价值有两种途径：一是数据本身隐含的信息，虽然收集到的数据本身是杂乱无章的，但可以从中挖掘出隐含的信息并寻找到价值；二是处理海量数据过程中产生的价值，很多单独存在的数据汇聚后进行整体分析和处理，就会产生新的价值。

3. 大数据技术

大数据技术就是从多种类型的海量数据中快速获得有价值信息的技术，主要包括大数据采集和预处理、大数据存储及管理、大数据分析及挖掘 3 个方面。其他值得重视的大数据技术还有大数据展现及可视化、大数据安全等。

1）大数据采集和预处理技术

（1）大数据采集：指通过 RFID 射频、传感器、社交网络及移动互联网等方式获得各种类型的结构化、半结构化及非结构化的海量数据。例如，我国的高铁火车售票网站和淘宝网站，它们的访问量在峰值时都达到数百万，需要在采集端部署大量数据库，并在数据库之间负载均衡和合理分片。

（2）大数据预处理：因为要对大数据进行有效分析，必须将前端数据再导入一个集中的大型分布式数据库，或者分布式存储集群，在导入基础上完成对已接收数据的辨析、抽取（将复杂数据转化为单一或者便于处理的结构）、清洗（对数据进行过滤"去噪"，提取出有效数据）等处理。

2）大数据存储及管理技术

这项技术主要解决复杂结构大数据的可存储、可表示、有效传输以及分布存储和并行处理等关键问题，需要开发新型数据库，研讨大数据的去冗余及高效低成本的大数据存储、异构数据融合、数据组织和大数据建模、大数据索引、大数据移动、备份、复制和可视化等技术。

3）大数据分析及挖掘技术

从数据分析和数据挖掘技术的演变历程看，随着互联网的发展，数据的规模越来越

多媒体数据和复杂社会网络；挖掘的需求
挖掘过程中的交互方式从单机的人机
下产生的 TB 级和 PB 级的复杂数据，
即时组合的个性化挖掘服务要求。

计算形态,两者有不少相似之处,
的存储和计算资源,而大数据的海量
的关键技术。

大数据是有区别的。前者体现在资源的服务模
付费的商业模式,就像计算机和操作系统,它将大量
分配;后者相当于海量数据的"数据库",面向业务问题解
求主要集中在分析和决策应用方面。

算和大数据技术的发展密切相关,它们都需要构建一种新的计算架
处理技术,用以进行海量"非结构"数据的存储、管理和分析。于是,具有可扩
分布式存储成为其数据的主流架构方式。在具体应用方面两者实际上是工具和
用的关系,即云计算为大数据提供了有力的工具,而大数据也为云计算规模与分布式的
计算能力提供了应用空间。可以说,大数据技术是云计算技术的延伸。

综上所述,云计算与大数据相结合,两者相得益彰,都能发挥其最大优势。这样,云计
算能为大数据分析提供强大的基础设施和计算资源,以及动态和可伸缩的计算能力,使得
大数据分析挖掘成为可能;而来自大数据的决策性的业务需求则为云计算服务找到了更
好的实际应用。

参 考 文 献

［1］ 徐红云,曹晓叶,解晓萌,等.大学计算机基础教程［M］.北京:清华大学出版社,2

［2］ 施金妹、陈焕东、蒋永辉.大学计算机基础:Windows 10＋Office 2016［M］.北京,
社,2021.

［3］ 陈亮、薛纪文.大学计算机基础教程［M］.北京:高等教育出版社,2023.

［4］ 刘超、姜亦学、唐明双.大学计算机基础［M］.北京:中国铁道出版社,2022.

［5］ 吉顺如.计算机基础［M］.上海:上海交通大学出版社,2021.

教学服务　　清华大学出版社

ISBN 978-7-302-70151-4

官方微信号

9 787302 701514 >

定价: 46.00元